新派生活

木梓 编著

北方妇女儿童出版社
·长春·

断舍离

图书在版编目（CIP）数据

新派生活断舍离 / 木梓编著 . -- 长春：北方妇女
儿童出版社，2025. 5. -- ISBN 978-7-5585-9074-0

I. B821-49

中国国家版本馆 CIP 数据核字第 2024B9F534 号

新派生活断舍离

XINPAI SHENGHUO DUANSHELI

出 版 人	师晓晖	
责任编辑	李绍伟	
装帧设计	天下书装	
开　　本	710mm×1000mm　1/16	
印　　张	10	
字　　数	120 千字	
版　　次	2025 年 5 月第 1 版	
印　　次	2025 年 5 月第 1 次印刷	
印　　刷	三河市南阳印刷有限公司	
出　　版	北方妇女儿童出版社	
发　　行	北方妇女儿童出版社	
地　　址	长春市福祉大路 5788 号	
电　　话	总编办：0431-81629600	
定　　价	49.80 元	

前 言

　　在快节奏的现代社会中，人们如同上了发条的机器，每天都在不停地忙碌、奔波，被身边的各种琐碎事务牵绊，在无尽的烦恼与束缚中不断挣扎。

　　如果现在的你也处于这样的生活状态，那么当下有一件非常重要的事情需要你去做。什么事呢？很简单，那就是养成"断舍离"的习惯。

　　"断舍离"的概念由来已久，相信很多人都对它有所了解。然而，如果你只是简单地将"断舍离"理解为清理物品，那就未免有些局限了。要知道，我们在这里提出的"断舍离"是与当代生活紧密联系的一种新派生活观，它不再局限于进行物品方面的断舍离，而是进一步扩大了断舍离的概念和范围，让人们尝试对自己的生活空间、生活习惯以及精神层面进行深层次的断舍离，由此获得由内而外的蜕变与成长。

　　鉴于这样的现实意义，我们特意编写了本书。本书以专业的"断舍离"理论知识为基础，从当代人的生活实际出发，以由浅入深的方式分析当代人面临的生活与精神困境，帮助人们更好地建立起新派生活断舍离的概念，并将它运用到自己的实际生活中去。

　　从内容上来看，本书主要从"空间断舍离""精神断舍离""人生断舍离""断舍离秘籍"四大主题出发，全面细致地梳理了人们需要在那些方面进行断舍离，同时给大家普及新派生活的理念。为了让全书内容更加有趣，我们还在书中添加了丰富的阅读板块，具体包括"故事时间""心灵密码""断舍离智慧""头脑风暴"，每个板块都紧密围绕"新派生活断舍离"的主题展开，同时又进行了更有趣味性、可读性的延伸与拓展。此外，我们还在书中编绘了高清生动的插图，让大家在阅读文字内容的同时获得愉悦的心情，从而更好地理解和吸收书中提及的知识。

　　通过阅读本书，相信大家能够对自己的生活有一个更加全面的认识，同时也能懂得如何用"新派生活断舍离"的理念去改造自己的生活，舍弃一些不必要的物品、负担，获得更多内心和精神层面的解脱与成长。最后，希望每一位阅读本书的读者都能静下心来，细细品读书中的内容，更好地感悟属于自己的生活智慧！

目 录

第 一 章

空间大改造，生活新体验

近年来，随着社会经济的发展和人民生活水平的提高，居家空间的改造以及氛围的打造受到越来越多的重视，它不仅能够改善居住环境，还能改变心情，给人们带来全新的生活体验。说到空间改造，很多人可能会感到茫然和困惑。接下来，让我们共同开启一场空间改造之旅吧！

01 衣橱焕新颜，时尚又轻松

很多人都听过这样一句话："女人的衣柜永远缺一件衣服。"这句话用在朱迪身上再合适不过了。朱迪和很多年轻爱美的女孩儿一样，也喜欢每天把自己打扮得精致又时尚，她对漂亮的衣服毫无抵抗力。不仅如此，她还喜欢尝试不同的穿搭风格，她坚信不同的穿搭风格能让人释放出不一样的魅力，只有多尝试才能找到最适合自己的服饰。

正因为如此，朱迪的衣柜里塞满了不同价位、风格和款式的衣服，上到几千块钱一件的专柜品牌服装，下到几十块钱一件的从夜市淘来的衣服，都能在她的衣柜中看到，淑女风、小香风、朋克风、英伦风等各种风格的衣服，她都有。有时候，她买衣服只是因为一时冲动，买的时候不假思索，回到家以后很多衣服连标签都没有摘掉就被她塞在衣柜中了。

别看朱迪有这么多衣服，但每次需要出席重要场合的时候，看着衣柜里各式各样、满满当当的衣服，她总是拿不定主意，要犹豫好久。有时候，她想自己曾经买过的一件衣服可以派上用场，却怎么找都找不到，等不找的时候衣服又会出现。

面对杂乱无章的衣柜，妈妈曾经劝说她把平时穿不到的衣服整理出来送给别人，她以这些都是自己多年的"战利品"为由拒绝了。但是每次打开衣柜的时候，她都非常苦恼，想要整理一下却又不知道应该从哪里下手。为了解决这个烦恼，朱迪在自媒体上关注了一些发布空间改造以及收纳整理内容的博主，她希望通过向他人学习来改变自己衣柜的现状，让自己的衣柜变得井井有条。

这么多衣服，我该穿哪一件呢？

心灵密码

实际上，一个小小的衣橱能显示出主人的很多信息，比如衣品、性格和生活习惯等。生活中常见的衣橱大致可以分为四种类型：第一种类型的衣橱干净整洁，衣服都分门别类整齐地摆放在衣柜中，但是颜色以黑、白、灰为主，配饰也很少。这种衣橱的主人一般性格严谨、理性，做事情干脆利落。第二种类型的衣橱多为大衣帽间，整体干净整洁，与第一种衣橱相比，里边除了排列整齐、面料有质感的服装外，还井井有条地放着各种鞋、帽、配饰等。这类衣橱的主人不管是对生活品质的要求，还是对自我的要求都比较高，很注重外在形象。第三种类型的衣橱里面服装五颜六色，款式和风格多样，没有什么规律，很多服装都很有个性和设计感。这类衣橱的主人通常内心较为跳脱，喜欢追求时尚，勇于尝试新事物，对生活充满了热情。第四种类型的衣橱内部排列混乱，服装数量较少，服装的质感也相对较差。通常情况下，这类衣橱的主人不管是对自己还是对生活都没有太高的要求，生活品质较为粗糙，对生活也较为迷茫。

衣橱是一个人生活状态的微观展现，要想提升生活品质，就要先从改造衣橱空间开始。

断 舍 离 智 慧

衣橱管理小妙招儿

1. 对衣橱中的物品进行断舍离

相信在大部分人的衣橱中，除了自己喜欢的、适合自己的物品外，还有一些"鸡肋"物品，让你觉得留着确实没用，但扔掉又感觉心疼。要想改造衣橱空间，我们就要对衣橱内现有的物品进行分类，然后再进行断舍离。可以把物品分为：要、不要和不确定三种类型。要的物品就留下做进一步整理，不要的物品可以选择卖二手物品、送人或者扔掉，不确定的物品可以统一收进一个大箱子里，在箱子外面标注上截止日期。如果在截止日期前里面的东西还没有拿出来使用过，说明它们对于你而言确实没有用，可以把它们按照不要的物品来处理。

2. 物品分区摆放

衣橱中的物品除了衣服之外，还会有包、袜子、内衣等，为了让我们的衣橱更加干净整洁，提高我们选衣服的效率，可以对这些物品进行分区摆放。对于非应季服装，清洗干净后先叠整齐，再放入收纳箱中，在收纳箱外面标注好这些服装适用的季节。包可以全部竖放在固定区域，这样就不容易被挤压导致变形影响观感了。内衣、内裤和袜子，可以选择用收纳盒分别收纳，内衣选择不含隔断的收纳盒，内裤和袜子叠好以后，可以卷起来收纳在有很多隔断的收纳盒中。

3. 通过颜色排列服装

服装是衣橱中最主要的物品，应季服装要尽量挂起来放在衣橱中。很多人习惯先把衣服搭配好，然后再按照搭配来排列服装，这样会让服装区看起来比较混乱。我们可以按照颜色来排列服装，这样不仅方便选衣服，也会让衣橱看起来更加整齐。

4. 用表格来记录衣橱中的现有物品

好记性不如烂笔头。很多人总是记不清自己衣橱内都有哪些物品，这时我们不妨用表格将现有的物品列一个清单，这样就能做到心里有底了。在购物的时候，我们也能清楚地知道哪些物品是没有必要买的，从而避免衣橱内的物品重复冗杂，也可以节省不必要的开支。

我总是记不清衣橱里都有哪些衣服，列个清单就清楚多了。

头脑风暴

思考一：关于衣橱物品的分类

1. 你有多久没有整理衣橱了？你的衣橱中都有哪些物品？

2. 如果对衣橱中现有的物品进行分类，你要如何对它们进行分类？你的分类标准是什么？

3. 对于分好类的物品你准备怎么处理？你是准备送人、扔掉还是变现呢？

思考二：关于衣橱分区的划分

1. 你的衣橱中现有的物品有没有分区的必要？

2. 怎么划分物品的分区才更合理？

3. 分区内的物品应该怎么摆放？

思考三：关于衣橱的精细化管理

1. 你的衣橱有没有进行精细化管理的必要？

2. 你计划如何对自己的衣橱进行精细化管理？你选择现行的精细化管理的原因是什么？

3. 进行精细化管理的时候，你会遇到什么问题？你想怎样解决它？

4. 你准备怎样维持自己精细化管理的效果？

02 鞋柜断舍离，舒适走起无压力

　　琳达是一位外企白领丽人，由于工作压力较大，购物成为她日常生活中纾解压力的主要途径。在所有的商品中，琳达购买频率最高的是鞋。不管是在工作中还是在日常生活中，只要看到款式新颖的鞋子，琳达总会想方设法地买同款。

　　在琳达的鞋柜中，有很多漂亮的高跟鞋、靴子、休闲鞋和运动鞋，款式非常多。由于琳达的工作性质，她平时穿高跟鞋的场合比较多，其他的鞋买回来以后基本没有机会穿，只能放在鞋柜里。由于琳达不断地购买鞋子，她的鞋柜被摆得满满的，鞋柜上面还积压了一堆鞋盒。

　　与精致的琳达相比，她的丈夫陈华则是一个非常粗糙的人。陈华是一名培训机构的足球教练，日常生活中除了穿舒适的板鞋就是训练鞋，平时基本上就是两双鞋轮流换着穿，从不主动购买多余的鞋。每次回到家中，陈华都会直接把自己的鞋放进鞋柜里，很少更换鞋垫，也很少擦鞋和刷鞋。由于运动出汗很多，陈华的鞋经常带着一股汗臭味儿，即使在鞋里垫防臭鞋垫，那种气味在空间相对密闭的鞋柜里也会格外浓烈。

　　每次琳达回到家换鞋的时候都会闻到一股异味儿，两个人经常因为这个问题发生争吵。每次争吵的时候，陈华总是吐槽琳达买太多鞋却不穿，既占地方又浪费钱，每次进家看到琳达那一堆鞋都感觉浪费。琳达则指责陈华不注意鞋子的卫生和打理，污染了鞋柜的空气。

在某一次激烈的争吵过后，两个人都冷静下来开始寻找问题的解决方法。经过反思，他们两个人都承认自己存在问题，决定各自改掉自身的毛病，同时对鞋柜进行一次大改造，让鞋柜彻底改头换面，达到双方都满意的效果，从而解决这个经常引起家庭矛盾的问题。

这个鞋柜需要好好整理一下了，总有一股怪味道！

心灵密码

从一个人的鞋柜中，我们可以对这个人的生活轨迹、生活习惯和性格有一些大致的了解。我们都知道，第一感觉非常重要，鞋柜空间就是让人产生第一感觉和第一印象的空间。生活中，有些人喜欢尝试不同风格的穿搭，也比较重视服装和鞋子的搭配，因此他们会购买各式各样的鞋子。还有一些人不追求鞋的数量和风格，也不注重鞋子的打理，而鞋子变形、磨损或者有异味儿这些情况发生在他们身上并不新鲜。

要想把鞋柜改造成理想的状态，我们就要对鞋柜空间进行断舍离。一个季度保留三双左右能够满足日常活动的鞋就可以，将那些平时根本用不到或者有磨损、有异味儿的鞋全部清出鞋柜，还鞋柜一片取用轻松、空气清新的空间，让我们每天进家之后的第一感觉是轻松愉快的。

这些鞋真得好好断舍离了，留几双实用的就行。

鞋子太多，看着影响心情，那些平时不穿的就直接丢了吧！

断 舍 离 智 慧

鞋柜——小空间，大改造

1. 鞋柜上方空间的管理

鞋柜通常被放在进门的位置，为了提高空间利用率，很多家庭的鞋柜除了放鞋之外，鞋柜的上面还会放一些日常出门常用的东西，如雨伞、钥匙等。作为进家第一眼就能看到的地方，鞋柜的上面不要放太多的东西，那些和环境格格不入的装饰物该扔的就扔掉。

2. 对鞋柜中的鞋进行分类处理

将鞋柜中的所有鞋全部拿出来，包括鞋盒以及鞋袋里边的鞋，然后对这些鞋进行分类和处理。首先将那些不合脚的、表面爆皮的、脏污无法处理的和变形的鞋进行断舍离，然后按照季节和"TPO"原则，即时间（Time）、地点（Place）和场合（Occasion）来考虑自己在日常生活中经常会出席哪些场合，会用到哪些鞋子，再考虑这些鞋的去留问题。

3. 鞋柜的空间利用

鞋柜并不是越高越好，以最高不超过五层为宜。鞋柜中的鞋子也不是越多越好，在鞋柜空间的利用上，我们要懂得"留白"。总体来说，鞋柜中所存放的物品占比不要超过鞋柜总空间的百分之七十，这样不仅取鞋、放鞋更方便，也能避免鞋柜内部太过拥挤，影响美观。在放鞋的时候，我们可以将应季的鞋放在中间层，把非应季的鞋放在上层和下层，这样不管我们是挑选鞋还是取放鞋都相对轻松一些。

4. 鞋柜中物品的处理

鞋柜主要是存放鞋的地方，鞋柜中的鞋要定期处理，比如，皮鞋需要定期擦鞋油打蜡，穿过一段时间的鞋和过季的鞋需要清洗干净后再放入鞋柜，以免鞋柜中有异味儿。此外，鞋柜中尽量不要摆放客用塑料拖鞋，要全部换成一次性拖鞋，用完即扔，这样鞋柜的卫生才更有保障。此外，不要在鞋柜中囤鞋油、增白剂、除臭剂等物品，因为它们用量有限。那些已经脏污了的擦鞋布、过期的鞋油、小白鞋增白剂、除臭剂等物品，要及时进行清理，不要让它们占用鞋柜太大的空间。

鞋柜不是杂物柜，我还是把这些擦鞋布赶紧扔了吧！

头 脑 风 暴

思考一：关于鞋的选择问题

1. 你会经常出席什么样的场合？这些场合都需要什么类型的鞋？

2. 在你心中，什么样的鞋适合你？你的判断标准是什么？

3. 你认为一个季度有几双鞋能满足你的日常生活需求？

思考二：鞋柜中的鞋的分类问题

1. 你的鞋柜里有变形、脏污或者不合脚的鞋吗？你计划怎么处理这些鞋？

2. 扔掉不合适的鞋以后，现有的鞋按照季节进行分类，每个季节你有几双鞋？它们能否满足你的出行需求？

3. 有哪些鞋是需要你打理和保养的？你想怎样打理这些鞋？

思考三：鞋柜的空间利用问题

1. 鞋柜上方的空间你计划做什么？

2. 你的鞋柜空间利用率是多少？取放鞋是否方便？

3. 应季鞋和过季鞋在鞋柜中怎么摆放更合理？

4. 鞋柜中是否有杂物和过期的物品？如果有，你要怎么处理？

03 书籍收纳有方，畅游知识海洋

　　高珊是一名文学工作者，由于工作需要再加上本身热爱阅读，她十几年如一日地保持着每天一个小时的阅读习惯。她经常通过网络购买图书，偶尔也去书店淘书，因此她家的书架上摆满了书。

　　众所周知，现在的网络平台经常会有各种促销活动，书籍销售网站也不例外。每次赶上促销的时候，高珊总会买一些书来凑满减，而这类凑满减的图书可以选择的范围较小，所以很多时候买回来的都是一些自己并没有阅读兴趣的书籍，这类书籍到家之后，高珊就会将它们束之高阁。对于那些自己喜欢的书，高珊虽然也坚持阅读，但是她有时在阳台的躺椅上看，有时在沙发上看，有时在床上看，看完之后就随手将书放在一边。

　　久而久之，高珊的房间因为这些被随意乱放的图书而显得很凌乱。偶尔高珊也会简单地收拾一下图书，将它们放在书房的书架上，但是架不住书籍数量多，再加上她摆放书籍从来不管书籍的厚薄、类型和系列，想放在哪儿就放在哪儿，所以她的书架也让人看得眼花缭乱。有时候，高珊找书籍做参考资料，要花费好长时间才能找到，偶尔也会出现怎么找都找不到的情况。

　　在又一次找不到自己需要的书籍之后，高珊向朋友倾诉了自己的烦恼。朋友是一个善于收纳的人，她对高珊说："你知道问题的原因吗？

就是因为你对书籍收纳毫无章法。你可以试着对自己的书籍做一下收纳以及断舍离，这样你不仅能提高找书的效率，还能收获不一样的生活体验。"听了朋友的话，高珊觉得很有道理，她开始认真思考书籍收纳这件事。

这些书也太乱了，每次找书都这么费劲儿，真愁人。

心灵密码

书山有路勤为径，学海无涯苦作舟。虽然学海无涯，但是书籍摆放不能"无涯"，想放在哪里就放在哪里，会让我们的房间变得非常凌乱。当你看到家里的书籍十分凌乱时，再好的心情也会打折扣吧？更何况随便乱放书籍，容易让我们的记忆出现混乱和偏差，在找某本书籍的时候怎么都找不到，即使能找到也要费一番力气，这不仅浪费时间和精力，也容易让人烦躁。在整理书籍的时候，我们既要会收纳，又要学会断舍离，将一些已经看过的没有收藏价值的图书、没有阅读兴趣的图书都舍弃掉，给书柜腾出更多的空间来容纳新书。也许有些人可能会在内心对图书进行断舍离有一种抵触情绪，其实，断舍离并不代表不喜欢书，而是为了阅读更多适合自己的书籍，让自己有更多的机会去畅游知识的海洋，不断充实自己。此外，断舍离还能让知识流动起来，何乐而不为呢？

抱歉，你要借的那本书估计要找一会儿，书架太乱了。

没关系，我们慢慢找。不过我觉得你需要学会断舍离，把那些没用的书清理掉。

断舍离智慧

书籍的断舍离之道

1. 明确书籍存放的目的

在整理图书的时候，我们不妨静下心来想一想这些图书存放在家中是为了什么？是要阅读还是要收藏，或者只是为了充门面？对于那些当初买回来只是为了充门面，毫无阅读和收藏价值的图书，我们就要及时断舍离，可以送给真正需要的人或者卖给图书回收的商家或个人，让这些书流通到真正喜爱和需要它们的人手中，继续发挥价值。存放是为了阅读和收藏的图书可以暂时保留，但要控制以收藏为目的的图书的占比，不要超过图书总量的五分之一。

2. 了解空间的书籍容量

俗话说："有多大的碗吃多少的饭。"将这句话放到书籍收纳上也是有道理的，我们只有知道容量，才能做到心里有底，保证家中的书籍都能放在该放的位置，而不是杂乱不堪。假设空间容量为一百本书，且此时已处于满溢状态，要想再添置新书，就要对现有的已经阅读并且没有收藏价值的图书进行断舍离，这样才能使新书有容身之处。

3. 对图书进行分类和断舍离

很多人都有跟风购买图书或者冲动购书的经历，为了改造书籍的存储空间，我们可以将现有的图书进行分类，按照有无阅读兴趣进行一次初筛，然后对自己感兴趣的书籍再进行二筛，留下未读、在读和有收藏价值的图书，将筛选出来的那些自己不感兴趣的书籍和已读且没有收藏价值的书籍进行断舍离。处理方法可以是捐赠、出售甚至丢弃。

4. 制订明确的书籍循环更新时间

在正常情况下，每天阅读一小时，每个星期大概能看完一本到两本书籍，因此，在购入图书的时候不要盲目和冲动地囤书，也不要被商家的优惠活动冲昏了头脑，购买一些自己不感兴趣的图书。所以，我们要给自己的书籍制订一个循环更新的时间，如半年、一年等，如果在这个时间范围内，你手中的某些书籍还没有被你阅读，那就不要犹豫，果断地对它们进行断舍离。因为在今后的日子里你大概率也不会去阅读它，它只能静静地躺在你的书架上。

书买得太多了，好多都没看呢！

头 脑 风 暴

思考一：对书籍作用和意义的思考

1.你现在所拥有的书籍对你有什么作用？

2.书籍对于你有什么意义？它和其他东西在你心中有没有什么不同？

3.很多人难以对书籍进行断舍离，对于这件事你是怎么看的？

思考二：关于书籍的分类

1.对自己拥有的图书你是如何进行分类的？你的分类标准是什么？

2.你认为什么样的书籍具有阅读价值，什么样的书籍具有收藏价值？

3.在你现有的图书中，收藏类的图书在所有图书中的占比为多少？你觉得这个比例合理吗？

思考三：书籍的处理和更新

1.对于那些已读且没有收藏价值的图书，你觉得哪种处理方法更合适？

2.你愿意将自己用不到的图书捐赠给偏远地区的人吗？

3.你有没有给书籍制订过循环更新的时间？你认为多长时间最合适？

04 厨房神器在手，烹饪乐趣享不停

　　李明和陈晨是一对年轻的小夫妻，在双方父母的鼎力支持下，两个人在一线城市拥有了一套属于自己的房子，虽然不大，但他们感觉很满足。怀着对未来美好生活的憧憬，也为了让家庭生活更有烟火气，他们在厨房用品采购上花了不少钱。

　　没过多长时间，他们家的厨房就已经被各种厨房小家电和各式各样的"神器"占领了，大件的如电饭煲、空气炸锅、咖啡机、消毒柜、厨房垃圾粉碎机，小件的如煮蛋器、包饺子神器等应有尽有。最夸张的是锅具，平底锅、不粘锅、铁锅、蒸锅等，数量竟有8个之多，原本能容纳两个人的厨房因为这些东西的存在，只能允许一个人在里边做饭。厨房不仅表面空间满满当当，几个橱柜也被各种囤货占领了。

　　一到闲暇时间，陈晨就会拿出手机进行网购，在她的购物车中，常年加购一些日常生活用品，她还时常关注购物车中的商品有没有降价促销活动，赶上降价促销的时候，她会一下子囤很多。她的洗洁精、调料等一买就买好几个月的量，放在橱柜中备用。有一次，她一下子购买了8瓶酱油、6瓶醋，朋友都调侃她是不是要腌咸菜。虽然这个习惯让她在做饭的时候从来没有出现过缺少调料的情况，但也导致她的厨房看起来杂乱无章。

　　有一天，李明和陈晨去朋友家做客，看到对方家里干净整洁的厨房，回家再看自己家犹如杂货铺般的厨房，心里很震撼。于是他们两个人开始在网上寻找关于厨房空间改造的资料和视频，打算重新好好整理一下自己家的厨房，让自己有一个整洁的烹饪小天地。

咱家厨房实在太乱了，看着都没心情做饭了。

心灵密码

人每天都要吃三顿饭，做饭离不开厨房。因此，厨房在家庭生活中的地位非常重要。作为家庭"煮"夫（妇）的主要战场，厨房的状态能直接影响到他们的心情。一个干净整洁的厨房会让做饭的人心情大好，连烹饪出来的食物都可能会更好吃。然而，在现实生活中，人们往往会有"要成为料理高手"的想法，于是，他们就会买一堆所谓的厨房"神器"，并产生一种"'神器'在手，美味我有"的错觉。事实上，很多"神器"并不神，只能放在厨房里默默地"吸"油烟。

除此之外，边缘破损的碗碟，数倍于家庭人口的餐具，材质不同、功能相似的锅具也占据了厨房的很大一片空间。如果你的厨房也有这样的情况，不如来一次彻底的断舍离！将那些可有可无的物品清除出厨房，还厨房一片干净与清爽的空间，给家里的大厨腾出更大的施展舞台。不仅如此，这样做还有助于重塑我们的消费观，帮助我们抑制冲动消费。可以说，厨房物品的断舍离是一种一举多得的行为。

咱们把厨房好好整理一下吧！把这些没用的东西都清掉！

太好了！你终于下定决心给厨房来个断舍离了。

断舍离智慧

厨房精简小妙招儿

1. 树立环保理念，拒绝赠品

生活中有不少人都有一种"不占便宜就是吃亏"的心理，不管是外出就餐、点外卖还是购物，都喜欢要一堆赠品，例如一次性餐具、番茄酱、购物袋等，这些物品在实际生活中被用到的概率很低，放在厨房里用不到又舍不得扔，还把厨房搞得乱七八糟。如果你的厨房中有这些东西，要果断地把它们扔进垃圾桶，让厨房的洁净度上一个台阶。当然，最需要改变的还是人们的观念，如果我们具有环保理念，购物时使用可循环利用的购物袋、按需决定是否要赠品，就会减少很多不必要的浪费和烦恼。

2. 取舍去留，以实际需要为准

现在的商家为了实现盈利，会以"神器""便捷"等为噱头给商品打广告，以至于很多人头脑一热买回来一堆原本不需要或者使用起来并不便捷的商品，如早餐机、蒜泥神器、厨余垃圾粉碎器等，这些东西堆在厨房里不仅会占据厨房空间，还会让厨房看起来更狭小。在空间改造的过程中，我们可以以实际需要为考量来决定这些东西的去留。

3. 不过度囤积东西

好多人尤其是家庭主妇非常喜欢囤积东西，这些东西不仅占据厨房空间，还浪费钱财。检查一下自己的厨房，尤其是冰箱，看一下哪些物品是过期的，哪些是临期的，临期的物品要抓紧时间用掉，过期的则要及时扔掉，不要因为心疼东西就去吃过期食品，否则容易伤害身体，得不偿失。

4. 对于破损、无用之物要"当断则断"

现在人们的生活水平普遍提高，已经过了"新三年，旧三年，缝缝补补又三年"的阶段，虽然说勤俭是美德，但如果东西已经破损了，我们就要"当断则断"。比如，边缘破损的碗、有裂缝的盘子等都可以丢掉，换成完好无损的餐具，使用专用的垃圾袋，这样不仅会让厨房变得更整洁，也能让我们的心情变得更好。

> 厨房的东西太多了，这些破损的碗还是扔了吧。

头|脑|风|暴

思考一：关于厨房杂物的来源

1. 在厨房的所有物品中，你认为哪些物品属于杂物的范畴？

2. 你是否曾经被商家的宣传洗脑或者在冲动之下购买过厨房用品？

3. 如果再给你一次选择的机会，厨房中哪些东西是你肯定不会购买的？

4. 在日常生活中，你有没有攒塑料袋、一次性餐具和赠品的习惯呢？

思考二：关于厨房中的物品

1. 你家里有几口人？通常在家吃饭的有几个人？来访客人多不多？

2. 厨房中的餐具套数是家中人口数量的几倍？你认为餐具过量吗？

3. 在你家的厨房中有没有破损的碗碟、洗不干净的抹布？

思考三：关于厨房物品的断舍离

1. 你认为厨房中都有哪些物品需要断舍离？原因分别是什么？

2. 你想以哪种方式对这些物品进行断舍离？

3. 你认为断舍离厨房用品会对你的生活带来哪些影响？

05 卧室小改造，美梦从此不打烊

梦梦今年25岁，从年龄上来看，她虽然已经步入了青年的行列，但还是有一颗少女心，这从她的卧室装扮可见一斑。

除了工作以外，梦梦业余时间最大的爱好就是追动漫和明星。每个月发工资以后，梦梦都会拿出一部分钱来购买自己喜欢的明星和动漫周边，如海报、手办等。由于她和父母同住，妈妈总是因为她买这些东西唠叨她。于是，每次买回来以后她就直接放在自己的卧室里，有些她觉得非常好看的海报会贴在卧室的墙面上。由于购买的海报数量实在太多了，她会隔段时间把粘在墙上的海报做一次更换，墙面也因此留下了一些胶带的痕迹。对于那些喜欢的手办，梦梦买了一个手办展示架，将它们摆放在床头柜的位置。除了海报和手办以外，梦梦还喜欢入手一些毛茸茸的玩偶，虽然每个玩偶看起来都很可爱，但是摆放太多就会让整个卧室显得非常拥挤。

这天，妈妈看到梦梦房间中这些让人眼花缭乱的东西，决定找机会好好和她聊一聊。梦梦晚上下班回到家以后，妈妈心平气和地和梦梦说起了今天打扫卧室时自己的心里感受，并让她把自己的卧室和父母简洁的卧室作对比。通过对比，梦梦发现自己的卧室的确是东西又多又杂，还影响休息。于是，她听从妈妈对卧室物品断舍离的建议，认真地考虑都有哪些物品需要断舍离。她打算利用周末的时间对自己的卧室进行空间改造，让卧室变得更舒适。

房间里的东西太多了，这些玩偶是时候丢掉了。

心灵密码

　　一间简洁干净的卧室能让人暂时忘却外界的纷扰和烦恼，获得身心的宁静。然而在现实生活中，很多人对自己的卧室疏于打理，认为卧室属于个人的私密空间，可以随意放置任何自己喜欢的东西，这就导致卧室的空间被各式各样的杂物所占据，使卧室的舒适度大打折扣，还容易令卧室的主人感到疲惫和倦怠。因此，要想获得内心真正的平和和宁静，在卧室空间的改造上我们要学会断舍离，将那些不属于卧室的物品清理出去，让卧室更适合休息。其实，对卧室空间的改造和对卧室物品的断舍离就像一次心灵的疗愈。在卧室物品断舍离的过程中，我们需要不断思考哪些是需要留下的，哪些是需要舍弃的，断舍离的不仅是物品，更是心中的一些烦恼和困惑。所以，定期给自己的卧室来一次断舍离，让这个独属于自己的"加油站"变得更宽敞。

梦梦，你卧室该整理一下了，太乱了。

母亲大人！我保证完成任务，我今天就给卧室来个断舍离。

断 舍 离 智 慧

卧室改造中的断舍离

1. 床上用品的断舍离

卧室是睡觉休息的地方，床则是睡觉的工具。因此，对床上用品的断舍离是卧室改造的重中之重。首先，我们可以将那些有污渍且难以清洗干净的床上用品做断舍离处理，这是因为带有污渍的床上用品即使清洗过，也会让人感觉脏兮兮的。其次，检查一下自己的枕巾和枕套，看看是否有发黄、污渍和脱线等情况，如果有要及时扔掉。最后，回想一下自己的被褥上次做除螨是什么时候，对于长期没做过除螨杀菌的被褥和超过两年未使用的备用被褥，可以考虑将它们断舍离。

2. 装饰品的断舍离

很多人在装修卧室的时候，为了好看会对卧室空间进行一番装饰，也有人为了营造睡觉的氛围感，满足内心对于精致生活的追求而选择在卧室中使用香薰蜡烛。然而，装饰有过时的时候，香薰蜡烛也有用完的一天，卧室作为休息的场所越简单越好。因此，将那些过时的、与环境不匹配的装饰品和用完的香薰蜡烛一股脑儿地扔进垃圾桶吧。

3. 与休息无关的其他杂物的断舍离

生活中，有不少人会在卧室中放置跑步机，不仅会占据卧室很大的空间，通常利用率也不高。因此，我们在进行卧室改造的时候，可以将跑步机移出卧室，放到专门的运动区域。还有的人喜欢在床头放手机支架或者书籍等物品，这些东西都与休息无关，用完以后应将它们放回该放的地方。此外，玩偶也是很多家庭卧室中的常见物品，在改造卧室的时候，我们可以选择性地保留这些玩偶，将那些超大的、破旧的和过多的玩偶进行断舍离。

这个跑步机太占地方了，需要重新归置一下了。

头脑风暴

思考一：卧室杂物产生的原因

1. 你认为被褥和床垫有没有必要定期进行除螨杀菌？如果有必要，应该多久做一次除螨杀菌？

2. 你的房间有没有过多的装饰物品以及超大个的毛绒玩具？

思考二：卧室杂物的断舍离

1. 你认为卧室中都有哪些物品需要断舍离？原因是什么？

2. 你是否曾经为了营造有氛围感的睡眠环境而购买香薰产品？

3. 你最近一次检查香薰有没有用完是什么时候？

思考三：卧室物品断舍离的意义

1. 你认为对卧室中的杂物进行断舍离对提升睡眠质量有帮助吗？

2. 你觉得卧室中还有哪些物品的断舍离能提升我们的生活品质？

06 客厅餐厅杂物清零，宽敞明亮好心情

　　王海和妻子住在一座复式楼房里，客厅和餐厅都位于一层，卧室则在二层。按道理说，这样的空间分配非常合理，住起来也会很舒服，但是事实上并非如此。就拿一层的空间来说，客厅和餐厅的面积并不小，但是在实际的使用过程中，他们两个人经常觉得屋子里特别杂乱，空间也很小。这是为什么呢？

　　王海和妻子都是上班族，过着朝九晚五的生活。平时也没时间做饭，只有在周末的时候，两个人才偶尔开一次火做饭。这就导致两个人不怎么注重餐厅和客厅的打理。有时候快递拿到家里拆完盒子之后，他们就会随手放在茶几或者餐桌上。时间久了，客厅和餐厅堆满了盒子，本来应该很舒适的空间被他们弄成了杂物间。餐厅里有好多一次性餐具和调料，还有一些头脑一热买的厨房用品；客厅里则摆着很多派不上用场的小东西，沙发上放着没看完的书，茶几上有各种零食和水果，花瓶里还有制作的不算成功的干花等。

　　有一天，王海的妻子看了一个关于断舍离的视频后很受启发，她意识到这样杂乱的居住环境已经严重影响了他们的生活质量。于是，他们开始认真讨论起客厅和餐厅的断舍离问题，希望能让客厅和餐厅尽快恢复到本来的面貌。

客厅太乱了，每次回家看到后心情都很烦躁。

　　客厅和餐厅既是全家人欢聚一堂、休闲娱乐的场所，也是用来接待客人的区域。因此，我们对这两个空间应该给予格外关注和重视。客厅和餐厅作

你看，客厅和餐厅整理干净后，看起来舒服多了！

是呀，以后我们要经常断舍离才行！

为全家人主要的聚集地点，如果环境杂乱，一家人的心情又怎么会好呢？反之，如果家里的客厅和餐厅干净整洁，全家人回到家中的心情也会很放松，势必会为家庭的和谐提供助力。因此，在改造餐厅和客厅的时候，要清除房间的杂物，让居住环境变得更加宽敞和明亮，让我们能够在餐厅和客厅获得身体的放松和精神的愉悦，让家人能够在这两个空间享受到和谐幸福的家庭生活。

断 舍 离 智 慧

客厅和餐厅的断舍离

1. 桌面物品的断舍离

从空间改造效果的角度来看，空间表面的东西越少，改造的效果越好。客厅和餐厅是家人们欢聚和用餐的区域，为了将这两个区域改造好，我们可以将桌面上的物品分为有必要留下的和没必要留下的两种类型。有必要留下的要尽可能收纳到看不到的空间中去，没必要留下的则要及时断舍离。客厅桌面过期的宣传册、报纸、传单，以及餐厅桌面的饮料瓶、用过的一次性纸杯等都没有在客厅和餐厅存在的必要，是断舍离的重点对象。

2. 收纳空间的断舍离

客厅和餐厅都有很多收纳空间，如抽屉、柜子等，分别将这些抽屉和柜子打开，检查一下里边的东西有哪些已经很久没有用过，在未来的一段时间也没有用到的可能性，可以把这些东西收拾出来进行断舍离。此外，检查一下餐边柜和餐厅抽屉里的各种调料、饮品、零食等，如果有过期的要及时扔掉。

3. 装饰物品的断舍离

相信每个家庭在装修的时候或多或少都会在客厅和餐厅放一些装饰物

品，检查一下这些装饰物品是否已经出现老旧褪色的情况，与客厅和餐厅的风格是否匹配、款式是否过时。如果颜色暗淡、风格不同、款式过时，就将这些物品扔掉。假花也是客厅和餐厅常出现的东西，它具有易褪色、易蒙尘且带有廉价感缺点，因此家里有假花时请记得及时清理。

4. 闲置物品的断舍离

客厅和餐厅是很多家庭放闲置物品的常用场所。一些有小孩儿的家庭会在孩子长大以后将孩子用不到的玩偶摆放在沙发靠背、电视柜等地方，这样摆放会让客厅看起来非常凌乱，最好将这些玩偶收起来。餐厅的闲置物品以餐具和厨房小家电为主，如长期不使用的餐具、面包机、榨汁机、养生壶等，如果把这些闲置物品都做断舍离处理，你会发现餐厅宽敞了很多。此外，那些长期不使用的旧电视、旧音响设备以及客厅和餐厅中那些有年代感的物品，都有断舍离的必要。

这些玩偶需要重新归置一下，太乱了。

头 脑 风 暴

思考一：关于客厅和餐厅的杂物

1. 你认为自家的客厅和餐厅中有哪些东西应该被列入杂物的范畴？

2. 客厅和餐厅中为什么会出现这些杂物？

3. 家里的哪些杂物是因为自己一时冲动购买的？你还记得当时的情景和想法吗？

思考二：客厅杂物的断舍离

1. 客厅茶几、沙发和电视柜表面有哪些杂物有断舍离的必要？

2. 你认为用什么样的方式对客厅的杂物进行断舍离会更好？

3. 将客厅杂物断舍离以后，你还会再考虑添置一些新的物品吗？

思考三：餐厅杂物的断舍离

1. 对于那些长期没有使用过的餐具和数量远大于家庭人数的餐具你想要怎么处理？

2. 你的餐边柜里都放了哪些东西？你还记得这些东西最后一次使用是什么时候吗？

3. 你希望断舍离之后餐厅变成什么样子？

07 装饰巧思量，美感瞬间提升

　　张萌是一个热爱生活的女孩儿，她工作认真勤奋，大学毕业几年后，她就用自己的积蓄买了一套属于自己的小房子。由于这是张萌人生的第一套房子，是她努力的成果，因此她对房子格外喜爱，她的目标是将房子打造成自己"梦中情房"的样子。

　　人靠衣装马靠鞍，在张萌看来房子也是如此，要想让它变得漂亮，就要装扮它。每次和朋友逛街或者自己在网上购物的时候，只要看到她觉得漂亮的装饰品，都会买回来。时间久了，她家的装饰品越来越多，但是由于这些装饰品风格并不统一，使得整个房间看上去并不好看。然而，张萌并没有意识到这个问题，直到有一天，她邀请朋友来家里做客，朋友的话才让她认识到自己家里的装饰品太多了。朋友进门以后，微笑着说："萌萌，你家好干净啊！看起来哪里都好，就是有点儿太热闹。"张萌不解地问道："热闹？"朋友说："是的，装饰品有点儿太多了，而且风格不一。"

　　等朋友离开以后，张萌重新审视了一下自己的房子，发现确实和朋友说的一样，家里的装饰品太多了。于是，她立即开始上网搜索关于房屋装饰的相关知识，希望能让自己的房子告别热闹，变得简洁温馨、高级感满满。

萌萌，你家装饰品太多了，风格也不统一，看起来有点儿乱。

心灵密码

　　为了让家变得更加温馨舒适，很多人会选择在家中放装饰品，或是挂在墙面上的画，或是一些工艺品。有些人家中的装饰品让人感觉很舒服，有些人家中的装饰品则让人感觉并不好看，这是为什么呢？这是因为很多人在装

总觉得房间有点儿怪怪的，给人一种凌乱的感觉。

是呀，装饰品太多了，反而不好看，应该做做减法。

饰房间的时候容易忽略这样一个事实：装饰品的作用应该是锦上添花，因此恰到好处的装饰应该重在"巧"而不在"多"。过多的装饰品不仅不会锦上添花，反而会喧宾夺主。要想装饰得恰到好处，就要懂得"留白"的艺术，也就是在装饰房间的时候，做减法而不是做加法，装饰品的选择也要注重巧思，这样才能提升空间整体的美感。这种"留白"的艺术还会对房间的主人产生潜移默化的影响，让他们在待人接物的时候更平和、更有分寸。所以，好好审视一下自己房间的装饰品吧，尝试一下断舍离，给房间和心灵做个减法。

断 舍 离 智 慧

装饰品断舍离的步骤

1. 检查家中的装饰品

装饰品包括装饰画、绿植、照片等在房间中起装饰作用的物品。要想对装饰品进行断舍离，首先，我们应该检查一遍家中所有的装饰品，这样在断舍离的时候才能够做到心中有数。在检查的时候，我们可以看一下装饰画是否和家居风格相匹配，照片摆放的位置是否合理，照片是否符合自己现在的审美，用于装饰的绿植处于什么样的状态，等等。

2. 对装饰品进行分类

将所有的装饰品分为留下、不确定和丢弃三类。在检查装饰品的过程中，如果某个物品你一眼看上去就觉得与周围的环境格格不入或者让你感觉不舒服，毫无疑问，这类装饰品就要被列入断舍离的清单中。此外，那些已经破损且没有修复可能的物品、回天无力的绿植和一些你觉得没有珍藏价值的照片等也是断舍离的对象。对于那些不确定是否要留下的装饰品，你可以对它们设定一个保存期限，如半个月、一个月等。如果过了这个期限，你还是不确定这些东西是否有保留的必要，那就说明这件物品是可有可无的，可以考虑将它们舍弃。

3. 处理断舍离的装饰品

不同的断舍离物品可以选择不同的处理方法。如果装饰物的款式并不过时、成色较新、质量也比较好，我们可以选择将这类物品送给亲朋好友、捐赠出去或者上传照片到二手物品交易平台上进行售卖，让它们有重新发挥价值的机会。对于那些没有生气的装饰性植物，可以选择直接丢掉。

4. 维护断舍离的成果

断舍离是一种通过做减法提升生活质量的方式。做一次断舍离劳心费力，还会给我们造成钱财方面的损失，因此，断舍离并不代表着结束，还要维护断舍离的成果。此外，我们还要谨记"少即是多""少即是好"的原则，定期对装饰品进行检查，及时清理那些不需要的物品，做到环境的简洁和整洁。

> 断舍离之后，这房间看着真舒服。

头脑风暴

思考一：关于装饰品的检查

1. 想一想，你家中都有哪些装饰品？

2.在所有作为装饰品的照片中，你最喜欢的照片是哪一张？这张照片承载了你一段什么样的回忆？

3.你的家里都有哪些绿植？它们生长得怎么样？

思考二：关于装饰品的断舍离

1.你认为家里所有的装饰品中哪些需要断舍离？理由是什么？

2.对于不确定是否要丢弃的装饰品，你想要怎么处理？

3.你想要以哪种方式来处理需要断舍离的装饰品？你认为这种处理方式好在哪里？

思考三：关于断舍离的成果维护

1.通过对装饰品做断舍离，你有什么样的心得体会？

2.你认为断舍离之后还需要再购置一些新的装饰品吗？这种想法是一时兴起还是经过深思熟虑的？

3.你认为怎么做才能维护好断舍离的成果？

08 卫浴新面貌，洁净如新每一天

卫生间是一家人清洁身体的空间，最好的状态应该像它的名字一样干净卫生。然而，林芳家的卫生间不管怎么整理都显得杂乱无章，为此她感到非常头疼。

和时下的很多家庭一样，林芳家只有一个卫生间，卫生间的使用面积也只有大概六平方米左右。在这个小小的卫生间里，一家人要进行盥洗、沐浴和如厕，使用频率之高和平均使用面积之小可以说达到了全家之"最"。尤其是在分秒必争的早上，大人忙着上班，孩子赶时间上学，卫生间就成了林芳一家三口的"必争之地"。为了洗漱更方便，他们习惯将自己的洗漱用品放在台面上，将台面摆得满满当当的。洗漱时难免会把水溅到台面上，洗漱用品在使用的时候也会沾到水，因此，林芳家的洗手台台面总是湿漉漉的。众所周知，卫生间是最容易滋生霉斑的地方，林芳家的卫生间用了不过一年的时间，洗手台和墙壁的连接处已经有了黑色的霉斑，这些霉斑不管怎么擦都难以彻底去除，看起来非常难看。除了洗手台台面，卫生间的窗台也是林芳家卫生间的一道"靓丽"的风景线，全家人的沐浴用品全挤在窄窄的窗台上，高的、矮的、瓶装的、罐装的……不管怎么整理都让人感觉眼花缭乱。相比之下，马桶区域的卫生情况要好一些，马桶的侧边墙壁上挂着一个卫生纸收纳盒，用起来相对比较方便，但是清洁马桶的马桶刷、马桶清洁剂等物品只能放在墙角，这个位置虽然隐蔽，不影响视觉感受，但却因为不好打理并且通风差，容易滋生细菌，成了卫生死角。

林芳的好心情经常因为杂乱无章的卫生间环境而荡然无存，她迫切地希望自己家的卫生间能够彻底改头换面，使空间利用率更高，看起来更干净整洁。

> 这个卫生间，怎么收拾都乱糟糟的，真让人头疼！

一般的卫生间都涵盖洗漱区、沐浴区和厕所三个功能，有的甚至还有洗衣区。卫生间应该是一个让人放松的空间，但是，事实上很多家庭的卫生间因为过于拥挤和物品太多而很难让人觉得心情放松。这都是由于卫生间本身空间狭

> 一看到这个卫生间，一大早的好心情全没了。

> 咱们得想办法改造一下，不能再这么乱下去了。

小、物品摆放过于密集、空间利用不合理等原因造成的。很多人在使用卫生间的时候太过于随心所欲，久而久之，这些地方就会变得很难打扫，导致很多人不愿意去收拾，以至于卫生间变得越来越不卫生，从而陷入了一种恶性循环，与卫生间的名称背道而驰。卫生间这一狭小空间的改造对于人的头脑和心理有很大的好处，它能让我们收获平静和喜悦。

断 舍 离 智 慧

卫生间收纳的小窍门

1. 洗手台台面上的断舍离

洗手台是我们洗脸和刷牙的地方，很多人为了方便，习惯将牙刷、牙膏、漱口杯和洗面奶全都摆在台面上，这不仅会让台面看起来非常凌乱，还容易导致台面一直处于潮湿的状态，滋生细菌。为了让台面变得更整洁，我们要检查一下摆在台面上的东西，扔掉那些使用效果不佳的牙膏、洗面奶等物品，保留使用效果好的物品，将它们放在镜柜中或者挂起来。

2. 马桶上方空间的利用

卫生间的空间相对较小，功能区相对较多。因此，我们要注意立体空间的利用。在马桶上方，我们可以粘贴一个免打孔置物架，最好选择304材质的、承重能力较强的置物架，将毛巾悬挂在置物架下方的杆子上，置物架可以分层摆放浴巾、马桶清洁剂等物品。另外，在马桶的侧方还可以安装一个手纸收纳架，下边放卫生纸，上边放手机、香薰等物品。

3. 墙角空间的利用

除了利用墙上空间外，还可以对卫生间的墙角加以利用。市面上有很多卫生间墙角置物架，我们可以选择买一个双层的墙角置物架，最好是下边带挂钩的那种，这样就可以把洗发水、护发素、沐浴露等洗澡时需要的东西分层摆放，以免将物品全摆放在窗台上，让原本就狭小的卫生间显得乱糟糟的。

这个墙角置物架真不错，卫生间一下子变得整洁多了。

头脑风暴

思考一：卫生间的基本情况

1. 你家的卫生间大概有几平方米？平时有几个人使用这个卫生间？

2. 你家的卫生间都有哪些功能分区？哪个功能分区所占的面积最大？

3. 你家的卫生间都有哪些物品，这些物品分别放在哪里？

思考二：关于物品的收纳

1. 你认为你家的卫生间里有哪些物品需要断舍离？

2. 你的洗漱区台面上都有哪些物品？你认为这些物品有没有更好的收纳方法？

3. 你的镜面柜和地柜分别是什么样子的？可以收纳哪些物品？

思考三：卫生间的空间利用

1. 除了镜柜和地柜，你认为卫生间还有哪些空间可以利用？

2. 选择置物架时，你会选择什么材质和款式的？选择的理由是什么？

3. 除了壁挂收纳，你还有其他卫生间收纳的好方法吗？

第 二 章

精神断舍离，自在任我行

在日复一日的生活中，你是否经常感到心灵被无形的重物束缚？是否渴望挣脱这一束缚？精神断舍离，正是这样一场直击心灵的革命。它教会我们摒弃那些不再需要的执念和思绪，让精神世界回归最本真的状态。这一次你将不再被过去的包袱所累，学会轻装上阵，自在洒脱地生活。

01 学会控制情绪，减少你的负能量

　　王然是一个平凡的职场人，他每天都需要应对堆积如山的工作任务，同时还要承受来自上级和同事的各种压力。一天晚上，王然多加了会儿班，第二天早上就比平时晚起了10分钟。没想到，就是这短短的十分钟，却成了他这一天负能量的起点。

　　王然急匆匆地赶到公交车站，却晚了一步，只好眼睁睁地看着公交车离去，还没来得及懊恼，又发现自己忘带笔记本电脑了，他无奈地拍了拍自己的头，转身飞奔回家。等王然焦急万分地赶到公司时，不出意外地迟到了。

　　王然心情沉重地走进茶水间，打算冲一杯咖啡提神。就在这时，他注意到窗台上摆放着一盆绿色的多肉植物，阳光洒落在上面，叶片闪烁着柔和的光芒。王然好奇地走近，仔细端详起这盆植物，从它那小小的几片叶子不难看出，这是一盆非常娇嫩的植物，每一片叶子都散发着生命的活力。王然的思绪不由得放空了几分钟，他伸出手感受着温暖的阳光，阳光也毫不吝惜地透过他的手指洒落在叶子上。

　　王然浮躁的心情随着阳光的抚慰逐渐平静下来，他意识到："既然不好的事情已经发生，那么我就不能让情绪被它左右。"这么一想，他开始认真反思自己的情绪，发现自己似乎总是被负面情绪所纠缠，却从未真正地去控制它，以至于让负能量长久地影响着自己。

于是，王然也去买了一盆多肉放在自己的电脑旁，他发现每当情绪低落的时候看看这盆多肉，原本烦躁不安的心总能慢慢平静下来。渐渐地，王然觉得自己不再那么容易被负能量控制了，对待问题也不再容易冲动，无法自制。有时候，一个简单的方法，就能够让人心境平和。

> 生活中美好的事物太多了，我要控制自己的情绪，多看看让自己心情好的东西！

心灵密码

或许你也有过这样的夜晚：当万籁俱寂之时，本该安然入眠，你却因失眠而辗转反侧，脑海中不由自主地浮现出过往的片段，思绪如同脱缰的野马。

在这样的夜晚，你可以试着调整自己的睡眠习惯，让身心更加放松，从而减少胡思乱想。更重要的是，我们要学会控制自己的情绪，减少负能量的累积。

在日常生活中，不必事事挂在嘴边，情绪也不必随时释放。有时候，学会隐藏和控制情绪，比一味地宣泄更重要。就像驾驶一辆汽车，我们需要学会刹车，才能确保行驶的安全。同样的，控制情绪，就是给自己的心灵安装一个"刹车系统"，让自己在面对各种情境时都能保持冷静和理智。

学会控制情绪，不仅能帮助我们淡定地面对生活中的琐事，避免因为小事而打乱整体节奏，还能让我们通过减少负面情绪，活得更加积极乐观。想象一下，如果我们每天都被负面情绪所困扰，生活岂不是会失去色彩。

当负面情绪来临时，不妨试着深呼吸，让心灵回归平静。通过不断地练习和积累，你会发现，自己逐渐掌控了情绪，生活也变得更加美好充实。

断 舍 离 智 慧

情绪断舍离的小妙招儿

1. 减少外界信息的干扰

人们常常因为外界信息而产生情绪波动，比如一条朋友圈、一首歌曲、一部电影等。如果你也面临这样的困境，不妨试着养成间歇性断网的习惯，减少电子设备的使用，如去运动或读书。这样一来，就可以降低接触干扰的概率，有效地减少情绪消耗。

2. 设立情绪安全地带

对于那些我们不想或不愿意提及的人或事情，比如不愿回忆的过往、失败的恋情等，给自己画一个情绪的安全地带是很有必要的。把这些容易触动人心的记忆隐藏起来并不是坏事，能防止它们被揭开时的情绪失控。在和人聊天儿时，要坚持不冲破安全地带的范围，对于试图触及这些敏感话题的人，要果断地拒绝，并且不再继续深入探讨。

3. 远离潜在的刺激因素

有两个词叫"借酒消愁"和"睹物思人"，可是往往"借酒消愁愁更愁"，睹物思人也会情难自抑。所以，一定要清楚自己情感的弱点，不要盲目地挑战它们。比如，不要在内心的情感还没释怀时就大量饮酒，这样会导致情绪失控，又或者在整理家中杂物的时候，将引发思念的旧物放入小盒子内封存起来。

4. 尝试社交断舍离

生活中，有很多不顺心的事情和人有着紧密的关联。这时，我们可以尝试进行"社交断舍离"，把自己的社交圈子分为三类处理：对于真正的好朋友，要加强交流，用心去维护友谊；对于那些只是点头之交的朋友，保持基本的礼貌，不必投入太多的精力；对于那些总是带给你负面情绪的人，则要减少来往，适当保持距离。同时，我们也要乐观一些，把那些不如意看作是

自从进行社交断舍离之后，我感觉轻松多了！

锻炼自己的机会，别让那些不重要的人和事搅乱你的心情。

头 脑 风 暴

思考一：关于情绪的需求

1. 你最近一次因为情绪而做出的决定，现在想起来是对的吗？

2. 哪些思维模式长期消耗着你的情绪能量？

3. 你对负面情绪的第一反应是逃避还是应对？

4. 你是否模仿过他人的情绪状态？

思考二：关于情绪带来的感受

1. 回忆一次你成功管理情绪的经历。

2. 有哪些经常让你陷入负面情绪的事物或人？

3. 有没有曾经让你兴奋或快乐的情绪体验？

4. 你是否意识到某些情绪反应实际上是在重复过去的经历？

思考三：关于舍弃情绪负担

1. 想象一下，舍弃长期困扰你的负面情绪或思维模式，你会有什么不同？

2. 你担心舍弃某些情绪负担后会失去某种"保护"或"安全感"吗？

3. 如果你必须舍弃一半的情绪负担，你会从哪里下手？

4. 你有没有一些难以割舍的情绪负担？

02 焦虑拜拜，不再做物欲症患者

陈清是一位在大城市打拼多年的上班族，他每天忙于工作，一边担心未来，一边追求更高的职位和更多的收入。对于他而言，物质的多少似乎成了衡量幸福的唯一尺子。但日子一长，陈清发现，尽管自己达到了所谓的"成功"，内心却越来越空虚，所渴望的幸福和快乐也总是抓不住。

某个周末，陈清偶然走进了一个旧书市场。这里充满了老旧的气息和文化的味道，和他平常接触的热闹都市景象大不相同。他漫无目的地在书摊间走来走去，想在书的世界里找些安慰。

就在这时，陈清注意到一个穿着简单的年轻人。这个年轻人正坐在自己的小摊前，专心地整理着一堆二手书。他脸上挂着满足和快乐的笑容，好像周围的一切吵闹都与他无关。陈清很好奇，就走过去询问年轻人："看你这么开心，是不是生意很好哇？"年轻人抬头看了看陈清，笑着摇了摇头说："其实生意一般，但我很喜欢这里。每天能和这些书在一起，还能碰到一些兴趣相投的朋友，我觉得很满足。"

陈清听后愣住了。他从未想过，这么简单的日子竟然能带来这么真实的快乐。他开始回想自己的生活，那些曾经让他得意的物质财富，现在看起来是那么空洞。

这一刻，陈清长久以来平静的心好像被什么东西触动了一下。原来，真正的幸福不是物质的多少，而是内心的平静和满足。

我以前一直追求物质上的成功，以为那才是幸福，其实幸福很简单哪！

明明渴望悠闲自在，可一旦放松下来，心里就会感到忐忑不安。你总是快乐不起来，满心焦虑。正如有人说："我们既想要玫瑰的浪漫，又想要面包的实在，还想要悠闲赏花的时间。"很多人也因此得了"流行性物欲症"，这是什么意思呢？简单来说，就是觉得永远不够——拥有的东西不够多，行动的速度不够快，连等个红绿灯都觉得时间漫长。有人常常抱怨："我根本没有个人时间，每天的时间都用在家人和工作上，一天下来，身心俱疲。"这就是现代人的日常状态。

其实，没有个人时间既是时代造成的，也是个人选择的结果。我们不停地索取，占有更多的物质，却忽略了真正重要的东西，比如朋友、阅读、亲近自然和休息。"不够多"让人焦虑不安，"没时间"让人快乐不起来。我们拥有物质的同时，也被物质所束缚。从想要一个东西开始，挑选、比较、使用、保养……每一个环节都在占用你的时间。拥有的东西越多，负担就越重。很多时候，得到一件东西能让我们获得短暂的快乐，但之后就会变成我们的负担。

断舍离智慧

物欲症：现代社会的隐形枷锁

1. 物欲症的根源

这是个极具传染性的社会病症，其根源在于人们对经济增长的盲目狂热。在生产和消费不断循环的大环境下，营销者精准地掌握了消费者的心理，让他们不断追求更多的物质。然而，在这个过程中，人们却忽视了内心深处的真正需求，导致物欲症在现代社会中大肆蔓延。

2. 物欲症的困境

尽管媒体曾大肆宣扬购买"提升精致感"的物品是"必需"的，这一观念也确实产生了巨大影响，但随着时代的变迁，消费降级已成为不可逆转的趋势。然而，消费降级并未真正削弱物欲症，人们只是从大品牌转向了更平价的商品，内心的欲望依旧强烈。尽管人们已经察觉到了这个问题，认识到问题的存在是解决问题的开端，但摆脱物欲的束缚对于人们来说仍然困难重重。

3. 物欲症带来的负面影响

物欲症不仅让人的心理负担加重，个人债务累累，还让人深感焦虑。它让人们失去了宝贵的个人时间，成为物质的奴隶。此外，物欲症还滋生了虚荣心和攀比之风，使人们陷入了一场永无止境的追求与竞争之中。

4. 自然美的丧失

物欲症使我们远离了自然之美，转而追求那些人为修饰的美。我们一味地追求速度与效率，却忽视了生活中真正动人的瞬间。虽然人们的物质财富不断增加，但内心的宁静与满足感却逐渐消失。静下心来反思，我们会发现所得到的不过是压力、疲惫和空虚。世间万物终有消逝的一天，面对漫长的人生，我们又何必为了那些外在的东西让自己感到疲惫不堪呢？

5. 断舍离的智慧

是成为自己命运的主宰，还是沦为物质的奴隶？这完全取决于我们的选择。在购物时，我们应当更加审慎，用理性的眼光去挑选，这样才能够确保所购之物真正体现出价值。断舍离的智慧启示我们，要勇于舍弃那些已无用或不再适合自己的物质和情感累赘。唯有如此，我们才能重新找回内心的宁静与自由。

这次没买东西，感觉真好。不被物质束缚，原来这么幸福。

头脑风暴

思考一：关于物欲症的本质

1. 你认为物欲症的本质是什么？

2. 在你看来，物欲症背后的深层原因是什么？

3. 你是否意识到自己在某些时候也陷入了物欲症的旋涡之中？

4. 你认为物欲症对于个人成长和社会进步有哪些潜在的负面影响？

思考二：关于物欲与内心的平衡

1. 回忆一次你为满足内心需求而做出的决定。

2. 如何区分真正的内心需求与过度的物质欲望？

3. 你是否曾经因为追求物质而牺牲了现在觉得宝贵的东西？

4. 如何在物欲与内心需求之间找到平衡？

思考三：关于摆脱物欲症

1. 如果你摆脱了物欲症，你的生活将会发生哪些变化？

2. 摆脱物欲症需要付出哪些努力？你愿意付出吗？

3. 你觉得在摆脱物欲症的过程中会遇到哪些挑战和困难？

4. 如果必须摆脱物欲症，你会怎么做？

03 正视自我，停止无意义的抱怨

　　张月是一位小有名气的画家，但她对自己的生活和事业并不满意。她常常坐在画室里，对着空白的画布唉声叹气，有时埋怨市场无情，有时感叹命运不公，还常常因创作上的瓶颈而苦恼。

　　有一天，张月在整理画室时，从柜子里翻出了那幅久未露面的作品，那是她刚到这个画室时画的第一幅自画像。画中的女孩儿扎着高高的马尾，笑起来眼睛弯弯的，还有两个可爱的小酒窝，整个人充满了活力。她小心翼翼地抚平画纸，仔细端详着那些已经有些褪色的笔触，仿佛看到了自己那时绘画的初心和对绘画的热爱。

　　那一刻，张月意识到，自己一直在抱怨中浪费着宝贵的创作灵感，而没有真正地去探索和挖掘内心的想法。于是，张月决定作出改变，重新面对自己。

　　张月决定先给画室来一次大扫除，经过一番筛选后，她丢弃了那些堆积如山的废旧画材和未完成的画作。每扔掉一件东西，她就像卸掉了一个包袱，内心变得更加轻松和平静。

　　在整理的过程中，张月也逐渐学会了正视自己的不足。她不再一味地埋怨市场不公平，而是开始主动寻找机会，展示自己的作品；她也不再拘泥于自己老一套的创作风格，而是不断尝试新的题材和表现方式。

随着时间的推移，张月的创作渐渐有了起色。她的画作开始展现出独特的个人风格和深刻的情感，也吸引了更多人的注意和赞赏。

现在的张月，已经不再是那个只会抱怨的画家。她明白，只有面对自己，停止无谓的抱怨，才能真正发挥出自己的创作潜力，创作出更加打动人心的作品。在未来的日子里，她要用自己的画笔，继续描绘这个充满活力和生命力的世界。

停止抱怨后，我终于找到了属于自己的风格。

心灵密码

人生最美好的愿望是：希望所有的事情都按照自己的意愿发展。然而，"月有阴晴圆缺，人有旦夕祸福"，不是所有的事情都能完美，都向我们所想的方向发展。很多时候，留有遗憾才是最精彩、最完美的！当人们遇到不如意的时候，总会抱怨他人，抱怨环境，抱怨一切外在因素。也许你认为，抱怨可以让自己的心灵得到释放，就没那么痛苦了，但是抱怨过后，事情并没有向你想的方向发展，你的抱怨反而会让你的朋友、搭档、亲人、爱人对你失去信任和尊重，也会影响整个事情向前发展的动力，这样的方式是消极的，是不可取的！

不能让抱怨成为逃避责任、逃避现实的"武器"，让我们失去前进的动力，失去正确的判断力。我们应该学会反省，正视问题，找到正确的解决方法！

　　与其抱怨不如接受现实，有些事情换一种思维方式或者换另外一种方式去解决，也许就能达到意想不到的效果。同时，保持积极向上的良好心态也能带动大家齐心协力，为自己以后的人生道路奠定坚实的基础。

断舍离智慧

停止抱怨，正视自我

1. 抱怨的负面影响

　　你用什么态度审视世界，世界也将以相同的方式回馈你。持续的抱怨会让你的性格与气质透露出不满与消极，这样的状态会波及你的人际关系和生活品质。人生路上难免遭遇诸多的不如意，烦恼如影随形，一味抱怨非但不能化解问题，反而可能使局势更加复杂。

2. 接受不完美的自己

　　要想成为断舍离的实践者，首先要学会拥抱不完美的自己。因为每个人都是有缺点的，能够坦然接受自己的不足，其实也是一种完美的体现。或许有人会质疑，特别是完美主义者难以接受这一点，但事实就是，完美主义者更应学会接纳自我，因为这正是踏上追求完美之路的第一步。

3. 觉察并停止抱怨

意识到自己有抱怨的冲动是迈向停止抱怨的第一步。当抱怨的念头浮现时，我们应立即察觉并提醒自己避免落入抱怨的恶性循环。这时，我们可以采取深呼吸、冥想等自我反思的方法来平复情绪，进而深入思考问题的核心及解决方案。通过察觉并制止抱怨，我们能及时从潜在的消极情绪中抽离，转而采取积极的行动。

4. 自我成长

在坦然拥抱自己的不完美之后，重要的是通过自我审视与反思来深入理解自己的价值观、兴趣所在以及优劣势，并据此规划成长路径。在此过程中，要学会温柔地对待自己，避免过度自责。每个人的成长都是循序渐进的，我们应给予自己充分的时间与空间去成长和提升。

5. 放下过去继续前行

精神层面的断舍离还要学会放手。对于那些无法改变的遗憾与痛苦，我们能做的便是吸取教训，释怀过往，继续人生的旅程。同时，我们还要积极面对当下，培养感恩的心态，因为积极的心态能够让我们发现生活中的亮点

与希望，感恩的习惯则会使我们更加珍视所拥有的一切。因此，我们不妨每天抽出片刻时间，回想那些幸福的瞬间，记录下自己感激的人或事，这样的做法有助于提升我们积极的心态，减少抱怨的冲动。

头 脑 风 暴

思考一：关于抱怨的负面影响

1. 你觉得抱怨是如何影响你的性格和气质的？

2. 抱怨会损害你的人际关系吗？

3. 抱怨是否让你错过了解决问题的机会？

4. 你能否意识到抱怨带来的消极后果？主要有哪些？

思考二：关于接受不完美的自己

1. 你能否正视自己的缺点和不足？

2. 在你看来，接受不完美是否意味着放弃努力？

3. 你会如何通过行动来改善自己的不足？

4. 接受自己会不会让你更加自信和快乐？

思考三：关于精神断舍离的实践

1. 你是如何觉察自己的抱怨并停止的？

2. 如果让你来制订一个正视自己的计划，你有什么想法？

3. 你会如何放下过去的痛苦和遗憾？

4. 培养积极的心态和感恩的习惯对你有什么益处？

04 摆脱完美主义，不做强迫性囤积者

走进张华的家，仿佛踏入了一个宝库，但这里的"宝"并非金银珠宝，而是各式各样的旧物和杂物，它们密密麻麻地堆砌在各个角落，占据了几乎所有的空间。

张华的囤积习惯始于童年。小时候，他生活在物资匮乏的年代，每一件物品都承载着特殊的记忆和价值。随着时间的流逝，这种对物品的依恋逐渐演变成了难以割舍的情感。每当有新物件进入家门时，他都会小心翼翼地将其安置好。对于那些已经失去功能或已过时的旧物，他总是能找到理由将它们保留下来："这个未来或许还能派上用场。""这是爷爷传给我的，怎么能随便扔呢。"

随着时间的推移，张华的家变得越来越拥挤。客厅里，旧报纸、杂志堆成了小山；卧室里，衣物、鞋子塞满了每一个角落；厨房里，过期的食品和从未使用过的厨具占据了橱柜。尽管这些物品占据了大量的空间，但真正被用过的次数却寥寥无几。

张华的妻子和孩子多次试图说服他丢弃一些不必要的物品，但每次都以失败告终。每当家人试图扔掉某些东西时，张华都会将它们一一捡回，仿佛是在守护自己的宝藏。他内心深处觉得只有拥有这些物品，才能感到安心和满足。

然而，这种囤积行为也给张华的生活带来了不小的困扰。寻找日

常所需的物品变得异常困难，有时他甚至会因为找不到某样东西而大发雷霆。家里的杂乱无章也让他的心情变得烦躁不安，但他却无力改变这一切。

直到有一天，张华的妻子因为无法忍受这种生活而决定搬出去住。妻子的离去，才终于让张华意识到自己的囤积行为已经严重影响了家人的生活质量。

这凳子不错，还是留着吧。

心灵密码

到了换季时节，你是不是在堆积如山的衣服里翻来翻去，却找不到几件合适的？总感觉还是缺点儿什么？随后，你又不断地购入……事实上，你的衣柜里还有3年前，甚至5年前的衣服，但是你都舍不得丢弃？每当你想整理舍弃的时候，总会觉得这件去见某人的时候可以穿，那件去哪里玩的时候可以穿，另外一件我要配哪件衣服穿……事实上，出门的时候，你穿的只有那几套，其他的都被你压在衣柜箱子的最下面。这就是"完美主义者的强迫性囤积"行为的一种体现。

随着年龄的增长，囤积行为也会越来越严重。在寸土寸金的房子里，你却堆了各式各样的东西，总认为每一样东西都有它的用处，希望有朝一日会用到。事实上，你并没有让它的价值得到最大的发挥，而你还要为自己的囤积行为买单：在一堆堆的杂物中翻找，既浪费时间，浪费空间，又消耗精力，影响心情。

所以，我们不要做完美主义的强迫性囤积者，而要断舍离。

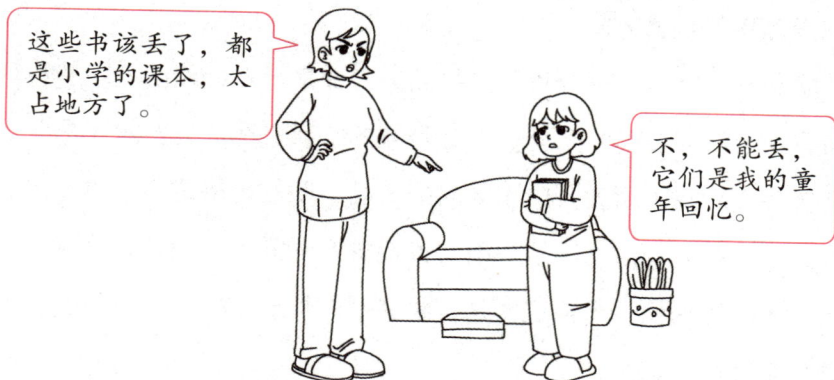

断舍离智慧

囤积症患者的自我救赎

1. 囤积背后的心理因素

囤积症患者往往深受焦虑困扰，他们通过收集并囤积物品来寻找安全感、满足感和成就感。由于内心的孤独感与无力感，他们倾向于用购物来替代人际交往，将囤积的物品视为心灵的慰藉，以此来减轻对未来不确定性的恐惧。这些行为可能与童年的物资匮乏、心理创伤，或是对生活中其他失控领域的情感补偿有关。然而，讽刺的是，这些人往往也对自己持有完美主义的高标准，但大量无序囤积的物品却让他们在面对整理时感到力不从心，从而一再拖延，导致家中凌乱不堪，囤积问题越发严重。

2. 迈出清理第一步

对于多数人而言，整理家务堪称一项艰巨的任务。"良好的开端是成功的一半"，鼓起勇气迈出整理的第一步至关重要。不妨从家中最易整理的空间着手，拿一个大号的编织袋，毫不留情地将那些确定不再需要的物品一一收入袋中。看着鼓鼓的袋子，你将体验到整理初见成效的喜悦，这份成就感将化作动力，激励你继续进行整理工作。

3. 重新审视购物方式

在购物时，应当冷静分析所购物品的必要性。在结账前，不妨自问：这件物品我今天就需要吗？家里是否有足够的空间来存放它？对于那些无用、家中已有替代品或占用大量储物空间的商品，即使价格诱人，也要控制自己不予购买。我们应专注于满足当前及近期的实际需求，无须过度规划未来，以免陷入无谓的囤积。需铭记的是，物品躺在抽屉里并不会增值，适时舍弃它们也并非浪费。

4. 克服逃避心理

面对那些虽不情愿却又不得不完成的任务，人们往往习惯于用"没时间""没机会"等借口来逃避。然而，时间是靠自己挤的，机会也是靠双手去创造的。在决定采取行动时，首先要思考自己能做什么，而非一味强调自己无法做到什么。对于那些诸如"没人协助我""不知从何下手""做了也没用""很快又会变乱"等消极的想法，我们必须保持警觉，因为它们只会

还是明天再整理书架吧！今天有点儿累了。

阻碍我们前进。整理是一个循序渐进的过程，它要求我们具备耐心与毅力。只有这样，我们的生活才能变得井然有序。

头|脑|风|暴

思考一：关于囤积症的心理动因

1. 你认为囤积行为背后的情感需求是什么？

2. 童年的经历会影响囤积症的形成吗？

3. 完美主义与囤积症有何关联？

4. 如何识别囤积症患者的焦虑源？

思考二：关于囤积症的整理策略

1. 如何帮助人们更加高效地整理？

2. 如何克服整理过程中的拖延心理？

3. 如何判断哪些物品应该保留，哪些应该丢弃？

4. 在你看来，有没有有效的整理工具和技巧？

思考三：关于囤积症的预防与自我管理

1. 如果是你，应如何调整购物习惯，避免无谓囤积？

2. 如何建立积极的心理防御机制来应对焦虑？

3. 囤积症患者应该怎么寻求专业帮助？

4. 你身边有没有成功的囤积症康复案例可以借鉴？

05 远离负面情绪的人，告别拧巴的关系

　　林馨是一名即将迈出大学校门的应届毕业生，回顾这四年的蜕变，她心中涌起诸多感慨。刚踏入大学校园时，她性格温柔且内敛，因此时常陷入复杂的人际纠葛之中。特别是与那些情绪低落的人相处时，由于害怕发生冲突，她总是选择迁就对方，结果却让自己越发疲惫。

　　起初，林馨在宿舍里默默地承担了所有的日常琐事。久而久之，室友便对她的付出视而不见，认为这是理所当然的。即便如此，林馨也总是选择隐忍。渐渐地，她发现自己被这种关系所束缚，心情愈发沉重。

　　某次，林馨与好友小悠相约去图书馆看书备考。小悠一如既往地向她倾诉近期的不满，传递着负面情绪。林馨试图给予安慰，却发现自己也被负面情绪所感染。她才终于醒悟，与负面情绪缠身的人为伍，只会让自己变得更加消沉。

　　于是，林馨开始寻求改变。她学会了拒绝，对于那些总是传递负面情绪的人，她选择保持距离。她不再为了迎合他人而牺牲自己，而是更加注重自己的感受与需求。

　　同时，林馨也努力提升自己的社交技巧。她主动与那些乐观向上、充满活力的同学交往，从他们身上汲取力量与勇气。她发现，与这样的人相处，自己的心情也会变得更加轻松愉悦。

　　让林馨最为高兴的是，她终于能够充分利用自己的时间和精力去

追逐热爱的事物。她不再为了取悦他人而虚度光阴，而是将更多精力投入自我成长与兴趣爱好之中。她发现，这样的生活让自己更加充实与满足。

临近毕业之际，林馨回想起自己的大学生活，心中感慨万千。她认为，领悟"不做纠结之人，果断远离负面情绪"这一道理，是自己真正拥抱阳光、开启美好大学生活的最佳法宝。

和你一起玩真好，感觉自己开心了很多。

心灵密码

你是否经常觉得心情低落，像被什么东西拖着，连日常生活都提不起劲儿？其实，这些感觉不是凭空冒出来的，它们往往是被周围的一些东西影响的，比如手机上看到的信息、遇到的人，甚至是天气。我们没法儿控制天气，但我们可以选择自己处在什么样的环境里、看什么样的信息以及和什么样的人交朋友。

生活中总有一些人，他们充满了负面情绪，整天抱怨，说别人坏话，还总觉得自己最惨。跟他们在一起，就像打了一场心理仗，需要好几天才能缓过来。对于这类人，最好的办法就是离他们远点儿。

为什么要远离负面情绪的人呢？因为人生本来就有很多酸甜苦辣，不管有钱没钱，都有自己的快乐和烦恼。负能量的人只看得到苦，整天抱怨，让整个氛围都变得很压抑。他们总觉得自己是受害者，全世界都对不起他们。快乐和消极是会传染的，跟乐观的人在一起，你也会变得开心；跟满身负能量的人在一起，你会像被拖进深渊一样，整天都无精打采。

人生有很多选择，你可以选择自己的圈子、生活方式、朋友以及你看待事情的角度。看看周围，你会发现，那些充满正能量、看待事情乐观的朋友才是最宝贵的。

今天和你聊天儿很开心哪，和乐观的人在一起感觉真不错。

是呀，和你聊天儿我也很开心，有空我们多聚聚。

断舍离智慧

构建正能量的朋友圈

1. 评估能量状态

在人际交往中，构建一个正能量的朋友圈是极为关键的。我们可以通过几个核心问题来衡量周围人的能量水平：他们是否展现出乐观的态度？是否频繁地抱怨？他们的人际关系是否融洽？是否对生活充满热爱并乐于与人互动？他们是否以真诚之心待人？通过深刻的自我审视与对比，我们能更加明确地意识到：一旦置身于负能量的包围之中，我们自身的积极性与热情也会不可避免地受到影响。

2. 稀释负能量

面对负能量，我们不应沉溺其中无法自拔，而应积极主动地采取措施来削弱其影响，这就需要我们不断引入新的正面元素。比如，培养乐观的生活态度、接纳正面的信息，以此达到平衡并减轻负能量的影响。

3. 理解并尊重差异

改变一个人的性格和行为绝非一朝一夕之功。当我们遇到充满负能量的人时，应保持尊重与理解的态度，避免急于求成地去改变对方。相反，我们应当通过自身散发的正能量去潜移默化地影响他们。对于那些无法避免的满身负能量的人，如某些家庭成员，我们需要学会自我保护，避免被他们的负面情绪所侵蚀；对于朋友和同事，我们可以适当地保持距离，以减少自己接触不必要的负面情绪。

4. 聚焦并强化正能量

所谓"关注即强化"，我们应当积极地去关注并吸引正能量的事物。通过与正能量的人交往、阅读鼓舞人心的书籍、记录自己的成功经历等方法，我们可以不断地加强自身的正能量。这些做法不仅能够提升自我认知，还能为我们营造一个更加积极向上的生活环境。

5. 远离负能量环境

如果发现自己难以从负能量的泥潭中抽身，不必强求解决所有难题，转换环境，远离那些容易激起负面情绪的人和情境，或许是个明智之举。有时候，仅仅是环境的改变，就能带来好心情的转变。懂得适时放手，方能为自

君君每天早上都输出一大堆负能量，弄得我心情也不好了，以后得离她远一些。

己腾出成长与进步的空间。

头|脑|风|暴

思考一：关于构建正能量朋友圈

1. 如何识别并吸引正能量的人进入你的朋友圈？

2. 在社交中，如何保持自身的正能量，避免被负能量影响？

3. 当发现朋友圈中存在负能量时，应该如何有效地应对和调整？

4. 构建正能量朋友圈对于你个人的成长和生活有哪些积极影响？

思考二：关于应对负能量

1. 面对负能量时，你应该如何保持冷静，不被影响？

2. 你能否通过某些技巧或方法来有效稀释和转化负能量？

3. 在与充满负能量的人交往时，你如何设定界限，保护自己不受伤害？

4. 长期处于负能量的环境中，你可能面临哪些潜在风险？

思考三：关于个人成长与社交环境的关系

1. 在你看来，社交环境是如何影响人们的个人成长和价值观的？

2. 为了促进个人成长，你应该如何优化和调整朋友圈？

3. 在社交中，你会学习他人的优点，同时避免被其缺点所影响吗？

4. 你是否主动组织过积极的社交活动，来推动个人成长和改善社交环境？

06 色彩断舍离，为你的精神世界解压

赵亮对鲜花情有独钟，对他来说，无须费神的园艺时光是忙碌生活中的一抹温馨。于是，他在家附近打造了一个小巧的花园，一有空就去照料。很快，他就对园中的每一株植物了如指掌，还定期为它们修剪、浇水、除草、施肥。

春天种下的小苗迅速成长，花园里很快便色彩斑斓，红的如火、黄的耀眼、紫的深邃……这些鲜花都是他精心挑选，一盆盆搬回家，再小心翼翼地种下的。然而，各种颜色的花杂乱无章地混在一起，给人一种说不出的混乱和压抑感。不知从何时起，赵亮常独自坐在花园一角，望着那片绚烂却杂乱的花海，心中满是迷茫和困惑。

某天，在花园静坐的赵亮突然明白了自己内心纷乱之源——他最爱的花。这些纷繁杂乱的颜色，不正是他内心的写照吗？过多的色彩反而让心灵变得更加沉重。这个发现让他恍然大悟，他决定进行一次"色彩断舍离"，为自己的精神世界松绑。

于是，赵亮开始重新审视花园中的植物，思考它们是否真的适合这里，是否能带给他内心的平静和喜悦。他忍痛割舍了一些颜色过于刺眼的花朵，只留下那些能让他内心感到平和与宁静的色彩。在这个过程中，他发现，原来简单和纯粹才是最美的景致。

经过几次整理之后，花园里的色彩变得和谐而统一。赵亮的心灵也

随着这次"色彩断舍离"得到了净化。每当他在这片精心打理的花园中漫步时，都会感受到前所未有的宁静和满足。

这些花都是暖色系，看起来心情也好了很多。

心灵密码

你听说过色彩心理学吗？事实上，不同的颜色确实会对我们的情绪产生影响。人们的亲身体验表明，色彩与情绪之间存在着密切的联系。

心理学家指出，我们最先注意到的往往是视觉上的事物，颜色对视觉有着巨大的影响力。颜色之所以能对我们产生影响，是因为情绪在很大程度上控制着我们的行为，而颜色又能影响我们的情绪。

蓝色就像宁静的大海，能给人带来内心的平静，让人逐渐放松下来。与蓝色截然不同的是，橘色和红色在短时间内会让人感到愉悦和兴奋，但长时间接触却会让人感觉时间过得缓慢，甚至变得烦躁。相比之下，绿色就像大自然的颜色，它不仅能增强我们的听觉敏感度，还能帮助我们集中注意力，提高工作效率，同时可以有效地缓解疲劳。此外，绿色还能让我们的呼吸变得缓慢，血压降低。

其实，如果我们不特别留意的话，可能很难察觉到颜色对我们的影响，但它确实在潜移默化地影响着我们的情绪。所以，颜色真的很神奇，不是吗？

颜色真的很神奇，不同的颜色还会影响我们的心情呢。

真没想到颜色有这么大的作用。

断舍离智慧

打造清爽的环境

1. 颜色太多的困扰

当你步入一间色彩缤纷的房间时，是否会觉得难以集中精神，心情也难以平复？酒吧和游戏厅正是利用了色彩心理学的原理，通过巧妙搭配不同颜色的灯光与设计，来激发顾客的兴奋情绪，营造出热闹的氛围。同样的道理，如果家里的色彩过于复杂，就会让我们的心情难以放松，从而消耗我们的精力。

2. 色彩断舍离的重要性

仅仅依靠简单地丢弃物品并不能真正实现断舍离的效果，色彩断舍离的核心在于颜色的统一和谐。一个实用的原则就是将室内装饰的颜色控制在三种以内。一个色调统一的房间会给人一种整洁、清新的感觉。即使物品较多，只要颜色搭配得当，也会显得井然有序。

3. 设定基础色调

在断舍离的理念中，并非只有黑、白、灰这三种选择。你可以根据自己的偏好，为房间选定一个基础色调。这个色调可以是宁静的蓝色、柔和的亚麻灰色、沉稳的深胡桃木色或是温馨的浅胡桃木色等。确定了基础色调后，后续添置的物品应尽量与该色调相协调，避免使用过于跳跃、不协调的颜色。

4. 颜色搭配的原则

在购买家居用品时，颜色的互补性是需要考虑的重要因素。比如，尽管蓝色和绿色都属于冷色调，可是它们搭配在一起可能会显得不协调。如果房间的主色是蓝色，那么红色装饰品就不应过多，因为蓝红搭配并不理想。为了让家居环境更加和谐统一，我们需要在颜色搭配上多下功夫。

5. 高级感的营造与收纳

要想让家居环境彰显高级感，颜色断舍离至关重要。通过采用统一的色调与和谐的搭配，可以使房间显得更加整洁、有序。如果家中物品繁多，利用储物柜、收纳盒等工具进行整理是个好办法。使用这些工具的目的不仅仅是展示收纳技巧，更重要的是对那些与基础色调不相称的物品进行遮挡和归置。当房间的色彩统一且协调时，我们便能更快地感到放松和舒适。

此外，布置房间与搭配服装有相似之处。过于鲜艳的颜色往往难以与其他颜色搭配，且容易出错。因此，在选择家居物品时，我们应尽量避免选择过于鲜艳的颜色，而应倾向于那些能与基础色调完美融合的物品。

房间统一色调、协调搭配后，显得高档多了！

头 脑 风 暴

思考一：关于色彩断舍离的应用

1. 色彩断舍离如何提升家居环境？

2. 在实施色彩断舍离时，如何平衡个人喜好与空间协调性？

3. 你觉得色彩断舍离是否适用于所有风格的家居装饰？

4. 如何通过色彩断舍离减少家居环境中的视觉杂乱感？

思考二：关于设定基础色调的策略

1. 应该根据个人喜好选择基础色调吗？

2. 基础色调的设定是否会影响家居环境的氛围营造？

3. 在不同条件下，基础色调是否需要调整？

4. 如何利用基础色调来引导家居空间的动线设计？

思考三：关于颜色搭配与高级感营造

1. 哪些色彩组合能够营造出高级感？

2. 如何通过色彩搭配提升家居空间的层次感？

3. 如何运用颜色断舍离原则来优化空间布局？

4. 高级感的家居环境是否必须依赖昂贵的装饰物品？

逃离倦怠感，在精神上懂得"舍得"

故事时间

　　程路是一个高中生，他常常被一种难以言说的疲倦感所困扰，这让他无法真切地感受生活的美好。面对选择，程路总是盲目跟随他人，之后又满心懊悔。那些错综复杂的人际关系，紧紧束缚着他，让他难以解脱。

　　程路心里清楚，这一切的源头在于他的懒散和对生活缺乏热情。他总是对问题采取逃避的态度，好像只要不去面对，问题就会自行消失。然而，没想到问题却越积越多，程路最终陷入了无法自拔的恶性循环之中。

　　程路曾努力想要摆脱这种疲倦感，渴望能够活在当下，尽情享受生活的每一刻，但他的思绪就像一台失控的机器，无法停止。他甚至开始怀疑自己是否真的拥有独立自由的意志。

　　直到后来，程路的身体出现了问题，他才有机会静下心来，进行自我反省和思考。一天下午，程路躺在床上，无所事事。突然，他起身来到沙发上晒起了太阳。那一刻，他仿佛领悟了"为学日益，为道日损。损之又损，以至于无为"的深刻含义。

　　不久后，程路偶然间读到了《断舍离》这本书。书中通过整理房间来修炼心灵的方法给予他很大的启发，程路意识到，要想摆脱这种疲倦感，就必须先解决那些长久以来积压的问题，回归自己的内心，不再被外物所奴役。

于是，程路开始行动起来。他整理房间，丢弃那些不再需要的东西，也放下了那些无谓的执着。每一次的舍弃，都让他感到前所未有的轻松。渐渐地，程路找回了自己，也重新找回了生活的乐趣。

丢掉身边的杂物，我感觉轻松多了。

心灵密码

从我们出生的那一刻起，就踏上了一段从无到有的精彩旅程。刚开始，我们一无所有，仅凭一声响亮的哭声告诉世界我们来了。随后，世界用情感和物质来丰富我们，塑造我们的思想和性格，让我们每个人都变得独一无二。

但是，人生的行囊不能一直装下去，否则它会变得过于沉重，让我们难以前行。我们需要放下那些不再重要或者已经过时的东西，只留下真正重要的，这样才能轻松上路，勇敢地面对未来。这就是"断舍离"的智慧，它不仅仅是指物质方面的，更关乎我们的内心世界。

在物质方面，"断舍离"就是扔掉那些不再用的旧东西，不再追求过时的物品，改掉囤积的习惯，让我们的家变得更明亮、更宽敞。同样的，我们的心灵也需要定期打扫，释放被负面情绪占据的空间，让阳光和温暖照进来。我们不必太过怀念过去，只有实现了心灵上的"断舍离"，内心才会变得开阔明亮。那些懂得自我治愈的人，往往能在心灵上真正做到"舍得"。

妈妈，断舍离之后，我觉得舒服了很多。

太棒了，物质和精神都需要断舍离，才能轻装上阵。

断 舍 离 智 慧

精神断舍离的智慧

1. 精神断舍离的定义

精神断舍离，是一种借鉴收纳整理的方法来修炼自我内心的过程。它意味着要精简和舍弃那些繁杂混乱的欲望、思想以及不合适的人际关系，从而清晰地认识并理解自己内心真正的想法和愿望。这个过程有助于人们摆脱过去那种浑浑噩噩的生活状态，达到心理上的自我认同和成长。

2. 精神断舍离的难处

精神断舍离之所以难以实践，根源在于人性的内在冲突。一方面，人类天生害怕物质不足危及生存，这种恐惧驱使我们不自觉地追求更多。然而，过多的选择往往令人困惑，使我们难以辨识自己内心真正的渴望，从而陷入无法自拔的恶性循环之中。

另一方面，个人的喜好与社会的评价标准往往并不一致，这种差异使得我们的内心开始挣扎。同时，我们的"自发式系统"（直觉或本能反应）与"分析式系统"（理性思考和判断）之间时常存在冲突，这种分歧也给我们的心灵带来了不小的痛苦和困扰。

3. 精神断舍离的第一步——舍

精神断舍离的首要步骤是"舍"。这意味着我们要放下那些冗杂且无意义的思绪、不再需要或喜爱的物品、无价值的人际关系，以及耗费时间的网络社群和游戏等。通过舍弃这些累赘，我们能感到身心更加轻松，进而能够将宝贵的精力投入更有价值、更有意义的事情中去。

4. 坚守"断"的原则

在进行舍弃的同时，我们同样需要坚守"断"的原则，也就是要学会筛选与拒绝。应当为自己设立一套筛选标准，确保只有那些通过考验并符合我们要求的人、事、物，才能融入我们的生活。一旦我们对外部事物有了明确的标准，并且内心感到踏实，就应当勇于为自己的生活负责，具备果断拒绝的勇气，不必为了顾及面子而去迎合他人或是委屈自己。

> 精神断舍离，让我重获新生。

头 脑 风 暴

思考一：关于精神断舍离的核心价值

1. 如何理解精神断舍离对个人成长的推动作用？

2. 实施精神断舍离后，个人生活会有哪些显著变化？

3. 精神断舍离如何帮助你建立更清晰的人生目标？

4. 在快节奏的生活中，如何持续实践精神断舍离？

思考二：关于筛选与舍弃的艺术

1. 面对外界诱惑，如何保持内心坚定？

2. 怎样平衡个人喜好与社会期望？

3. 舍弃能促进个人独立与自主吗？

思考三：关于处理内心冲突与矛盾

1. 在精神断舍离时，如何处理个人喜恶与大众标准的冲突？

2. 如何通过自我觉知，识别并化解内心的矛盾与挣扎？

3. 在"断"与"舍"之间，如何找到平衡，避免过度舍弃？

4. 如何利用精神断舍离提升自我认知与情绪管理能力？

第 三 章

人生新画卷，精彩不打烊

随着经历的事情不断增多，人们心里放不下的东西也会越来越多。我们常常听到有人感慨："做大人实在辛苦，好想回到童年。" 然而，人生过得如何，关键在于我们对待生活的态度。学会断舍离，我们便能轻装上阵。舍弃那些不必要的负担，与繁杂的琐事和无用的物品告别，同时，让心灵挣脱束缚，为生活腾出空间。只有这样，我们的人生才会越来越轻松，越来越快乐。

故事时间

刘英热衷于网络直播购物，每当夜深人静时，她总爱浏览各类美妆博主的直播间，被那些神奇的护肤品深深吸引。她的梳妆台上堆满了瓶瓶罐罐，她相信只要用对了产品，就能拥有如主播般水嫩光滑的肌肤。

然而，刘英发现自己的皮肤并没有因为使用了昂贵的护肤品而有所改善，似乎变得更加敏感，还失去了原有的光泽。在一次同学聚会上，老朋友的目光让她心生不安。一位昔日好友关切地问："刘英，你怎么看起来好像比以前憔悴了不少？"

刘英苦笑，无奈地说："我一直很注重护肤哇，买了好多化妆品，怎么会这样呢？"

好友闻言，轻轻地拍了拍她的手背，语重心长地说："有时候，护肤不在于用了多少东西，而在于是否适合自身情况。你试试极简护肤吧，减少不必要的步骤和产品，让皮肤有机会呼吸和自我修复。"

"极简护肤？"刘英疑惑地重复着这个词。

"对，就是简化你的护肤流程，选择温和、无刺激的基础保养品，比如温和的洁面乳、保湿水和防晒霜。给你的皮肤减负，让它回归自然状态。"好友解释道。

刘英听后，若有所思。聚会结束后，她开始重新审视自己的护肤习惯，逐渐减少了化妆台上的瓶瓶罐罐，转而采用更简单、更自然的护肤方式。几周下来，她惊喜地发现，皮肤竟慢慢恢复了光泽，变得更加光滑和有弹性了。

> 最近我熬夜，黑眼圈很严重，正好需要一支眼霜！

心灵密码

在现代社会，容貌焦虑成了许多女性面临的问题。尽管追求美丽是每个人的自由，但过度关注容貌可能导致焦虑情绪的产生。不少女性因此频繁购买各种护肤品，希望通过这些产品来提升自己的外貌和形象。然而，这种行为有时反而会给皮肤带来额外的压力。

从外在环境分析，商业广告和美妆市场的宣传无处不在，这些精美的包装和诱人的宣传语，加上美妆博主的推荐，很容易吸引女性的注意力。一些明星甚至公开表示，外貌是女性不可或缺的资本。在这种观念的影响下，护肤品广告常把使用护肤品说成提升自我的艺术方式，让许多女性误以为拥有这些产品就能变得美丽和自信。

从心理层面分析，职场压力大、生活节奏快，再加上社会对女性外貌要求高，给女性带来了很大的心理压力。为了缓解这种压力，女性往往希望通过改善外在形象来寻求解脱，于是将希望寄托在了护肤品上。此外，女性的从众心理也促使她们不断购买和尝试新的护肤品，即使家里的护肤品已经堆积如山，也难以停下购买的欲望。

针对这一问题，建议女性朋友在皮肤没有异常情况时，可以定期停用护肤品，让皮肤得到短暂的休息和恢复。建议每三个月左右停用一两周，让皮肤恢复活力。如果皮肤存在问题，更应停用护肤品，让皮肤自主修复。特别是油脂分泌旺盛的人群，可以通过停用控油产品，让皮肤在停用期间恢复正常的油脂分泌，从而摆脱油腻感。

现在到处都是护肤品广告，真让人焦虑。

是呀，我每天都用，也没觉得皮肤变好了。

断舍离智慧

皮肤停用护肤品的应对策略

1. 皮肤修复期要耐心等待

在刚进行极简护肤时，皮肤可能会进入一个调整期。这个时期，我们可能会面临各种挑战，但最重要的是要有耐心。皮肤的修复并非一蹴而就，它需要时间。每个人的皮肤状况不同，恢复速度也会有所差异。我们不能盲目比较，更不能急于求成。

2. 皮肤问题爆发的应对法

有时候，在停用护肤品后，原本隐藏的皮肤问题可能会突然显现出来，比如，敏感、痘痘、色素沉着等问题可能会变得更加明显。这是因为之前使用的产品可能含有一些抑制成分，暂时掩盖了皮肤的真实状况，一旦停用，这些问题就会集中爆发。在这个阶段，虽然皮肤看似不如之前了，但这其实是向正常状态过渡的必由之路。

3. 皮肤深层问题的处理

有些人在开始极简护肤之前，皮肤看似没有问题，但在停用期或修复期却突然出现痘痘或过敏等情况，实际上，这是皮肤深层问题的外在显现。我们应当回顾过往的护肤习惯以及所使用的产品历史，去探寻潜在的问题根源，而不应将这些问题简单地归咎于护肤品的停用。如果问题严重，我们可以去寻求皮肤科医生的专业帮助。他们能够通过详细的问诊和检查，准确地判断出皮肤出现问题的原因，为我们提供针对性的治疗方案。

4. 相信皮肤的自我修复能力

我们要相信皮肤拥有强大的自我修复能力，而护肤品的作用只是通过有限的方式提升皮肤功能，帮助它更顺畅地完成自我修复。面对皮肤调整期的各种变化，我们要保持平和的心态，接受皮肤当前的状态，并耐心等待它的变化。

最近没有用任何护肤品，每天早睡早起、饮食清淡，没想到皮肤状态好了很多！

头 脑 风 暴

思考一：关于护肤的需求

1. 我的肌肤需要哪些护肤品？

2. 我是否购买了太多不必要的护肤产品？

3. 我的护肤步骤是否过于复杂？

4. 我能否通过简化护肤步骤来满足肌肤需求？

思考二：关于护肤的感受

1. 使用护肤品时，我是否感到放松和愉悦？

2. 我的皮肤状况在使用某些护肤品后是否有明显改善？

3. 我是否愿意与他人分享我的护肤感受和成果？

4. 我是否对护肤过程充满期待和热情？

思考三：关于停止护肤

1. 假如我哪天不用这些护肤品了，会怎么样？

2. 停几天不用护肤品，肌肤会不会自己就能调整过来？

3. 我是不是太依赖护肤品，忘了肌肤本身的修复能力？

4. 试试不用护肤品，我是否能更清楚地知道肌肤需要什么？

02 饮食断舍离，感受食物带来的乐趣

　　"世间万物，唯有美食与爱不可辜负。"圆圆对这句话一直深信不疑。圆圆是一名外贸销售员，外贸这一行工作节奏特别快，她常常加班到深夜，忙着处理一堆烦琐的订单，还要协调各种复杂的客户关系。每到晚上，办公室的灯光照着圆圆疲惫的身影，这时候，美食就会成为她缓解压力的唯一办法。

　　一开始，美食对于圆圆来说，就是一种简单的享受，能让嘴巴开心一下。她会在忙里偷闲的时候，吃一块好吃的蛋糕，或者喝一杯香浓的咖啡。慢慢地，圆圆对美食的喜欢变了味道，变成了控制不住的暴饮暴食。工作压力大的时候，她就不停地吃零食，想把焦虑压下去；心情低落的时候，更是靠大吃大喝来安慰自己。到了周末，超市就成了圆圆的第二个战场。她推着购物车，在货架之间来回穿梭，把薯片、饼干、巧克力等各种高热量食品一股脑儿地放进购物车里。等回到家，这些食品便堆满了家里的各个角落，仿佛只有食物能填补她内心的空虚。

　　这种暴饮暴食的行为给圆圆带来了许多困扰。她的体重开始上升，以前那些合身的衣服现在穿在身上变得紧绷起来，这让她感到无比苦恼。此外，她惊讶地发现，自己的工资有很大一部分花在了美食上，每个月美食的开销让她倍感压力。更重要的是，她越来越沉迷于美食，而

忽略了生活中其他美好的事物。她曾经热爱阅读，可是那些摆放在书架上的书籍已经很久没有被翻开了，上面落满了灰尘；她曾经喜欢运动，可是运动鞋早已不知道被遗忘在了哪个角落。生活变得越来越单调，除了美食，圆圆似乎找不到其他能让自己感到快乐的事情了。

最近我的体重好像又长了！

在生活中，不少人都有过这样的经历。无论是走进实体店铺，还是浏览在线平台，那些琳琅满目的零食总是散发着诱人的魅力，让人难以抗拒购买的欲望。尤其是当各种促销活动接二连三地出现时，更容易让人陷入疯狂采购的旋涡之中。

然而，我们常常发现，无论事先做了多么细致的购买计划，零食的消耗速度总是快得惊人。很多时候，我们会在不经意间就把大量零食一次性吃完。当家里备有零食时，我们似乎总能找到各种理由去吃掉它们，哪怕实际上我们并不那么需要。一旦家里没有零食了，我们又能比较轻松地控制自己的食欲。

这充分说明，我们对零食的真实需求远远低于囤货后实际摄入的量。过度囤积零食会带来一系列不良后果。首先，这样做很容易导致摄入过量，对身体健康造成影响。其次，会打乱我们原本的生活计划，让我们的自我约束力逐渐减弱。最后，这样还会引发负面情绪，比如，自我责备，担心体重增加带来的焦虑等。当零食被消耗完后，我们又会陷入焦虑和失落之中，这种"戒断"的感觉常常促使我们再次大量购买零食，从而陷入一个难以摆脱的恶性循环之中。

从本质上来说，过度囤积零食是一种不理智的行为。它并不能给我们带来持久的快乐，反而会不断增加我们的心理负担。我们应该学会理性对待零食，避免过度囤货。

我之前囤了好多零食，结果没几天就全都吃完了，今天又买了一大堆。

你这就是过度囤积零食，太影响身体健康了啦！

断舍离智慧

智慧饮食，享受食物带来的乐趣

1. 听从内心，勇敢选择

我们常常面临美食的诱惑，但我们不应回避内心对食物的真实渴望。从决定买什么、买多少和怎么买，到确定吃什么、吃多少和怎么吃，都应该听从自己内心的声音，让自己成为决策的主导者。比如，当你心中渴望美味的汉堡时，就不要勉强自己去吃并不喜欢的沙拉；当你想吃香辣鸡腿堡时，就不要因巨无霸特价而轻易改变初衷。只有坚定地满足自己内心的真实诉求，我们在品尝美食的瞬间才能真正体会到那份纯粹的快乐。

2. 明辨动机，明智抉择

在准备购买食物之前，我们需要认真思考自己的动机。究竟是因为长久以来的渴望而购买，还是仅仅因为偶然看到便一时心动？很明显，前者所能带来的满足感和幸福感远远超过后者。因而，在有限的食量范围内，我们理应优先选择那些真正出于内心渴望而购买的食物。

3. 把握时效，活在当下

满足当下的实际需求，才是获得快乐的关键。如果一次性购买大量自己喜欢的食物，很可能会让这些食物变成负担，进而影响我们对它们的喜爱程度。如今，物流十分便捷，便利店也随处可见，我们完全没有必要过度囤积食物。只需购买当下实际所需的食物，才能从源头上有效降低暴食的风险。

4. 灵活应变，按需购买

倘若我们暂时不清楚自己实际需要多少食物，可以先选择小分量的食品，并且采取分次购买的方式，吃完再买。这样做，一方面能够帮助我们更好地了解自己的真实需求，另一方面也能避免因为购买大分量的食物而导致过度进食。

5. 珍惜食物，杜绝浪费

当我们的需求已经得到满足，而食物还有剩余时，要果断地放弃。珍惜

冰箱里还有好多食物没吃完呢，不要再买糖油饼了！

食物并不是要硬着头皮吃掉那些我们并不需要的食物，而是在下次购买时能更加精准地选择适合自己的量。只有让食物发挥其最大价值，才是珍惜。那些因为贪图便宜而购买的食物，才是真正的浪费。

头|脑|风|暴

思考一：关于食物的需求

1. 在日常饮食中，我的身体最需要哪些食物？

2. 我是否经常因为情绪上的波动而摄入大量不必要的热量？

3. 我的饮食结构是否均衡，能否确保身体获得全面的营养支持？

4. 为了更好地满足身体的营养需求，我是否需要调整现有的饮食结构？

思考二：关于食物带来的感受

1. 在吃东西的过程中，我是否真正享受到了食物的味道？

2. 在吃东西的时候，我是否感到开心，有没有因为摄入过多或食物选择不当而后悔？

3. 我是否因为食物而影响了情绪或睡眠质量？

4. 我能否通过改变进食方式来提升品尝食物的体验？

思考三：关于适量进食

1. 我是否经常因为饥饿或饱腹感不明显而过量进食？

2. 我是否能够准确判断自己的食量？

3. 我是否因为担心浪费而强迫自己吃完食物？

4. 我能否通过设定合理的饮食目标来控制自己的食量？

03 极简出行，轻装上阵也能行万里路

　　李晔与多年未见的老同学相约共赴一场说走就走的旅行，他的心中满是期待与兴奋。为了确保旅途万无一失，他精心准备了一大堆行李：换洗衣物、日常洗漱用品自不必说，还有太阳镜、防晒喷雾和应对雨天的轻便雨衣，再加上各式各样的小物件。当然，还有一本详尽的旅游攻略和一本空白的日记本，希望能记录下旅途的美好。

　　行李箱被塞得满满当当的，外加大包小包，李晔满载着这份"安全感"踏上了旅程。然而，当他抵达机场，看到好友仅携带了一个小巧的背包，里面只有几件换洗衣物和一台相机时，不禁惊讶万分。

　　"你就带这些？"李晔难以置信地问。

　　好友笑着点头说："这叫极简出行，轻便又自由。你会发现，其实很多东西根本不需要，极简出行反而能更专注于享受旅程本身。"

　　旅途中，李晔总是提心吊胆，生怕自己哪个小物件遗落，时不时检查一下行李是否安然无恙，这种心理负担让他完全无法放松下来，享受沿途的风景。好友则显得轻松自在，随时捕捉着旅途中的精彩瞬间，与他分享时，散发着由衷的喜悦。

　　终于，在一次小憩时，好友再次劝说道："李晔，下次你也试试极简出行吧，真的会让旅行变得更加简单快乐。有时候，少即是多，留下的空间是为了美好回忆的。"

李晔望着好友那轻松愉悦的模样，心中不禁泛起涟漪。他开始反思，或许真正的旅行，不在于带了多少东西，而在于内心是否能真正飞翔。这次旅行虽然让他体会到了"累赘"的滋味，但也为下一次的极简之旅埋下了种子，他期待着下次更加自由、纯粹的旅行体验。

> 这次旅行带的东西也太多了。好羡慕那些轻装出行的人。

心灵密码

日常出门前，有些人的准备工作很烦琐，从挑选衣服到打扮，再到整理背包和选择鞋子，整个过程需要耗费两个小时甚至更久。我们不禁会问，每次出门真的需要这么长时间的准备吗？

谈到极简出行，我们应该反思一下，日常外出是否真的需要携带那么多物品。事实上，很多人或许只需要带上身份证、手机、钥匙和钱包，就可以轻松出门了。然而，有些人习惯性地携带大量物品，导致背包沉重，不仅增加了出行的负担，还可能引发肩膀酸痛等问题。

如今智能手机发展迅速，让我们的生活变得更加便捷。以前出门必须携带的卡包、零钱包、导航设备等，现在一部手机就能全部搞定，这确实为我们的出行减轻了不少负担。因此，我们可以更加自信地减少背包中的物品数量，只携带真正必要的物品即可。

此外，为了避免遗漏重要物品和应对可能出现的尴尬情况，我们可以制订一份详细的必带物品清单。这份清单应该包括外套、裤子、T恤、鞋子等基本服饰，以及内衣和药物等个人所需物品。同时，充电器也是不可或缺的必需品。通过合理的收纳方法和有序的整理，我们可以确保所有物品都能被妥善安置，避免行李混乱和遗漏。

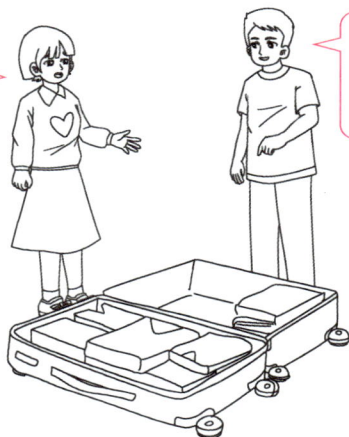

每次出门前都好纠结要带什么，准备半天。

别想那么多啦，极简出行，带好必要的几样就行。

断舍离智慧

高效整理，轻松出行

1. 全面规划

在打包行李箱之前，我们需要对旅行计划进行全面了解，这包括查看目的地的天气情况，明确旅行的天数和每天具体的行程安排。只有充分掌握这些信息，我们才能准确地挑选所需的衣物和配饰，做到不多带也不少带。我们可以提前列出详细的行李清单，对照清单仔细核对，确保没有遗漏任何重要物品。同时，要学会区分必需品和非必需品，在行李箱空间有限时能够果断抉择，避免因犹豫而浪费空间和时间。

2. 注重衣物的搭配

在挑选衣物时，要重视它们的搭配。尽量避免携带无法与其他衣物搭配的单品，这样既能节省行李箱的空间，又能增加穿着的多样性。每一件衣物都尽量好搭配，以便在旅行中轻松应对各种场合。

3. 合理选择行李箱

要根据携带需求选择合适的行李箱。如果计划携带大量衣物，却只有一个较小的行李箱，显然是不合适的。出行整理与家居整理不同，出行需要高效利用空间，并且要预留空间带回纪念品。若不想在机场花费时间等待行李托运，选择符合航空公司规定的较小尺寸的登机行李箱，如20寸，会更加方便。

4. 掌握打包技巧

掌握一些实用的打包技巧非常必要。例如，将重物放在行李箱底部以保持稳定；把衣物卷起来而不是叠放，能更有效地利用空间；利用小袋子和压缩袋整理小物品或易皱衣物，使其更加紧凑。此外，将易碎或易变形的物品放在中间层，用衣物包裹起来，这样既能保护物品，又能节省空间。

5. 准备应急物品

别忘了带上一些应急物品，虽然它们不起眼儿，但在关键时刻能发挥巨大的作用。比如，常用药品、创可贴、防晒霜、雨具等都是旅行中不可或缺的。我们可以将这些物品放在容易取用的地方，以便需要时能迅速找到。

头 脑 风 暴

思考一：关于出行必需的行李

1. 我的出行目的是什么，最需要携带哪些行李？

2. 我是否经常因为担心遗漏而携带过多不必要的物品？

3. 我的行李组合是否合理，能满足出行中的各种需求吗？

4. 为了更轻便地出行，我是否需要精简现有的行李？

思考二：关于出行行李带给你的感受

1. 携带这些行李出行时，我是否感到轻松自在？

2. 行李的重量和数量是否影响了我的出行心情？

3. 我是否因为行李的不便而产生烦躁的情绪？

4. 我能否通过优化行李来提升出行的舒适感？

思考三：关于轻装上阵

1. 轻装上阵对我的出行体验会有哪些积极的影响？

2. 旅行的时候，我是否能够准确判断哪些物品可以不必携带？

3. 我是否因为担心突发情况而过度准备行李？

4. 我能否通过合理规划实现轻装上阵？

04 放下手机，给自己一个停下来思考的机会

王进是一个典型的手机沉迷者。

每天清晨，王进醒来的第一件事不是伸个懒腰迎接新的一天，而是迫不及待地拿起手机，查看朋友圈有没有新的动态。他生怕错过任何一条信息，仿佛那小小的屏幕里藏着整个世界。

在上班路上，王进也一直低头盯着手机，刷着朋友圈，对周围的人和事全然不顾。有时候撞到行人，他也只是匆匆道个歉，眼睛从未离开过手机的屏幕。

到了公司，只要一有空闲时间，王进就会拿出手机，看看自己早上发的动态有没有人点赞或评论。如果看到点赞和评论的数量很多，他便会满心欢喜，觉得自己受到了极大的关注；如果数量寥寥无几，他就会感到失落，甚至开始怀疑自己是不是不受欢迎。

有一次，王进和朋友约好了一起吃饭，结果从见面开始，他就时不时地拿出手机看。朋友跟他说话，他也是心不在焉地应付着，眼睛总是往手机的屏幕上瞟。朋友有点儿生气了，对他说："你就不能把手机放下，好好跟我聊聊天儿吗？"王进这才不好意思地把手机收起来，但没过多久，他又忍不住拿出来看。

还有一回，王进和家人一起出去游玩。一路上，大家都在欣赏风

景，聊天儿说笑，只有王进一直拿着手机。他一会儿拍照发朋友圈，一会儿又看看有没有人点赞。王进的这种行为不仅让他错过了与家人共享欢乐时光的机会，也让他自己无法全身心地投入美好的大自然中。

日子就这样一天天过去，王进一直沉浸在手机的世界里，却忽略了身边很多真实的美好。他不知道，自己错过了多少温暖的笑容、真诚的对话和美好的瞬间，但他似乎还没有意识到这个问题的严重性，依然每天紧紧地抓着手机，在那个虚拟的世界里寻找着所谓的满足。

10分钟过去了，我看看我发的朋友圈有多少人点赞了。

心灵密码

在当今社会，智能手机已然成为我们生活中不可或缺的重要组成部分。然而，我们对它的感情极为复杂。虽然我们能随时用手机联系他人，但是内心的孤独感却越来越强。这让人不禁思考，我们到底是手机的主人还是被它掌控了呢？

其实，问题的关键不在手机，而在于我们和手机的关系。智能手机融入我们生活的速度太快，我们甚至没有时间去审视一下这种关系，也没有好好地想一想它对我们生活的影响。

我们从来没认真考虑过，手机里哪些功能让我们开心，哪些又让我们疲怠；为什么我们很难摆脱对手机的依赖；长时间用手机会给我们的大脑带来什么变化；手机到底是拉近了人与人之间的距离，还是让彼此变得更加疏远和冷漠。

我们不妨与手机短暂分离，以此获得一个重新审视的机会。这样我们就能明白，我们和手机的关系，哪些是该珍惜的，哪些是需要改变的，还能让我们在线上和线下的生活中找到平衡，清楚自己什么时候用手机是出于真正的需求。只有与手机"短暂分离"，我们才会更重视现实中的人际交往，而不是只靠手机互动。只有这样，我们才能和手机建立起更健康、更和谐的关系。

断舍离智慧

戒除屏幕依赖，重塑平衡生活

1. 认清手机的作用：把手机当工具

在摆脱对手机屏幕过度依赖的过程中，第一步要清楚地认识手机的本质。手机是个工具，和我们平时用的本子、笔差不多，是为了帮我们完成学习和生活里的各种事，绝对不是生活的全部。每次用手机都要有明确的目的，比如，找资料、学新东西或者处理工作上的事情。换个角度看手机，我们就能更理智地使用它，不会稀里糊涂地沉迷进去。

2. 改变生活小习惯，躲开手机的诱惑

要想少花时间在手机屏幕上，就要从日常小事做起。早上起来别马上

拿着手机看消息或者刷社交媒体，先去洗漱、吃饭。也可以把手机放卧室外面，别一起床或者睡前就碰手机。上厕所、排队、吃饭这些零碎时间，别刷手机，可以找点儿别的事干，比如，看看书、听听音乐，或者放松一下。

3. 定好时间，合理安排看手机的时间

为了更好地管束自己看手机的时间，可以定些具体的规矩。每天定个时间段，比如，晚上9点到早上7点，这段时间不碰手机，把它放远点儿。还可以用一些软件来监督自己用手机的时间，比如，设个每天用手机不能超过两小时的提醒。这样做，慢慢就能减少看手机的时间，就可以找回更多的自由时间。

4. 打造没手机的环境，提高生活品质

除了时间限制，我们还能在家里或者工作的地方设置一些没手机的环境，比如餐厅、卧室这些地方。在这些地方不许用手机，鼓励大家当面交流互动，让生活质量变得更高。这样的环境也能让我们更加放松，好好享受跟家人朋友在一起的时间。

5. 拉起支持队伍，一起摆脱手机依赖

我们可以找家人、朋友或者同事帮忙，一起改掉依赖手机的毛病。我们可以跟他们说说自己的计划和目标，让他们监督、鼓励自己，也可以加入一些相关的团体，与有同样想法的人交流经验、互相支持，一起走向更健康、

妈妈，我想改掉依赖手机的毛病，您可以监督我吗？

更平衡的生活。

6.找别的事做，丰富生活感受

想看手机的时候，可以找点儿别的活动来转移注意力。比如，看一本好书、去外面运动运动、学个新本事或者参加社交活动。这些事不仅能让我们的生活更有趣，还能帮我们养成更健康的生活方式。

头 脑 风 暴

思考一：关于手机在社交中的作用

1. 在我的社交生活中，手机扮演了怎样的角色？

2. 我是否过度依赖手机进行社交而忽略了面对面的交流？

3. 手机社交给我带来的是真正的联系，还是表面的互动？

4. 我能否减少对手机社交的依赖，提升真实社交的质量？

思考二：关于手机对健康的影响

1. 长时间使用手机对我的身体有哪些不良的影响？

2. 我是否意识到手机辐射可能带来潜在的危害？

3. 频繁低头看手机是否已经影响到了我的体态和视力？

4. 我可以采取哪些措施来减少手机对健康的负面影响？

思考三：关于手机与时间管理

1. 我每天在手机上花费了多少时间？这些时间是否有价值？

2. 手机是否经常干扰到我的工作和学习，影响我的时间管理？

3. 我是否有能力控制自己使用手机的时间，提高效率？

4. 如何利用手机的功能来更好地进行时间管理，而不是被它浪费时间？

05 精简圈子，人际交往其实不复杂

张眉是个热心肠的人，朋友特别多，人际关系也很复杂。每一天，她都要为朋友的事情忙碌。她的手机就像一个不停歇的小喇叭，各种信息声、电话铃声此起彼伏，一会儿是朋友小李找她帮忙搬家，一会儿是朋友小王约她出去逛街挑选礼物。张眉总是毫不犹豫地应承下来，她觉得朋友有求，自己不能不帮。

有一次，朋友张慕失恋了，哭着打电话给张眉，让她陪着散心。张眉立刻放下手中正在做的事情，赶到张慕身边。她陪着张慕在公园里走了一圈又一圈，耐心地听张慕倾诉心中的痛苦，不停地安慰她。等张慕的情绪稍微稳定一些，张眉又带她去吃了一顿美食，希望能让张慕心情好起来。这一忙，就是大半天过去了。

"一个篱笆三个桩，一个好汉三个帮。"张眉一直觉得朋友之间就应该互相帮助，但渐渐地，她发现自己没有了属于自己的时间。她本想学习一门新的语言，提升自己，可总是被朋友的事情所打断。她想安静地看一会儿书，或者去健身房锻炼一下身体，可这些计划总是被搁置。

有一天，张眉看着镜子里疲惫的自己，突然陷入了沉思。她开始怀疑自己这样的生活方式是否正确。她意识到，自己不能一直这样下去，她也需要有自己的空间，有属于自己的梦想和追求。

张眉想过拒绝朋友的请求，可又怕伤害到他们的感情。她陷入了两难的境地，不知道该怎么办才好。她开始怀疑自己的生活方式是否正确，是否应该为自己多留一些时间和空间。毕竟，人生是自己的，不能总是为了别人而活。她需要找到一种平衡，精简自己的社交活动，拥有属于自己的生活。

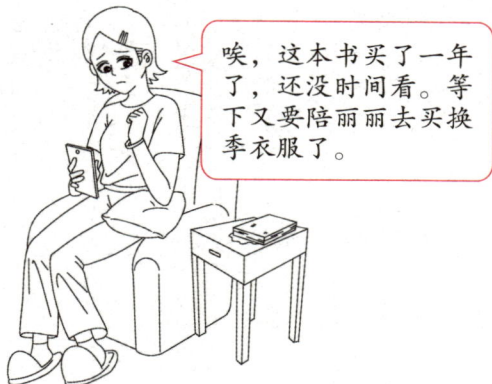

> 唉，这本书买了一年了，还没时间看。等下又要陪丽丽去买换季衣服了。

心灵密码

在人生的旅途中，我们会遇到形形色色的人，有的人只是生命中的过客，而有的人则能成为我们真正的朋友。真正的朋友，不仅会在我们成功时给予掌声和赞美，还会在我们迷茫时提出真诚的建议。面对这样的朋友，我们应当珍视他们的意见，珍惜他们难能可贵的真心。

当你为了工作加班加点，全力以赴地赶制方案时，所谓的"朋友"却只顾着自己享乐，要你放下手头的工作去参加一场无意义的饭局，你因坚守职责而拒绝，对方便因此疏远你，这样的友谊并不值得留恋。真正的朋友，会理解你的坚持，不会因为你的拒绝而心生不满。他们可能会选择提前结束聚会，带着你最爱的小吃，默默地陪你度过加班的夜晚，甚至在你需要的时候为你出谋划策，这才是真正的友谊。

在人际交往中，我们追求的不是朋友的数量，而是质量。与那些有品位、人品端正的人相处，能够让我们在不知不觉中得到提升。有时候，错误地交朋友，可能会给自己树敌。与其在虚假的友谊中周旋，不如精简自己的朋友圈，宁缺毋滥。

明天肖小小的聚会你不去，不怕她和你绝交吗？

我连续加班一个月啦，周末我只想休息。小小会理解我的，我们是好朋友。

断舍离智慧

精简人际关系

1. 认清人际关系的本质

在生活中，我们常常会遇到与人际关系有关的难题。有时候，我们觉得和谁都处不来，有时候又只是和特定的某个人合不来。这背后的原因可能多种多样，也许是性格不合，也许是价值观有差异。我们要先搞清楚问题出在哪里，再想想这段关系到底值不值得维持下去，是因为害怕孤单才不想放手，还是希望得到别人的认可呢？只有弄明白了这些，我们才能更好地处理人际关系。

2. 整理关系以减轻压力

随着年龄的增长，我们的社交活动可能会越来越少。这时候，我们就要好好考虑自己的人际关系了。有些关系可能已经没有必要再维持下去了，我们要珍惜那些真正理解和欣赏我们的人。我们可以把所有人列出来，分成

"重要"和"不重要"，"愉快"和"不愉快"两类，这样就能更清楚地知道自己该和哪些人保持联系，该放弃哪些关系了。

3. 谨慎对待新关系

有时候，我们为了摆脱孤独，会迫不及待地开始一段新的关系，但是这样往往会带来很多问题。我们在对待感情的时候一定要慎重，不能把它当成逃避孤独的工具。如果同时和好几个人有感情纠葛，那就要对自己的感情负责，选择那个最值得珍惜的人。如果喜欢的人同时也在和别人交往，那我们也要果断一点儿，不要陷入复杂的感情旋涡之中。要记住，不随便投入没有意义的感情，这是我们在处理感情问题时应该遵循的原则。

4. 勇敢拒绝不良关系

我们不能选择自己的亲戚，但是有些亲戚关系可能会给我们带来很多麻烦。如果亲戚关系处理不好，我们可能会受到伤害。其实，亲戚关系并不是生活的必需品，如果它让我们不开心，我们完全可以选择离开。不好的关系只会让我们的生活变得更复杂，心情也会更糟糕。所以，我们要勇敢地拒绝不良关系。

5. 专注自我成长

成熟的人都知道，生活中有很多事情其实没有什么意义。我们要学会放弃那些没有意义的社交活动，远离那些可能会伤害我们的人。把时间和精力

周末放弃那些无谓的社交，自己一个人跑跑步，真的很爽啊。

放在自己喜欢的事情上，还有和家人以及真正重要的人的关系上。这样，我们既能提高自己的生活质量，又能让心情更愉快，为自己和家人创造更多的幸福。要记住，生活是自己的，我们要勇敢地做出选择。

头 脑 风 暴

思考一：关于合作在人际关系中的重要性

1. 合作在我的人际关系中占据着怎样的位置？

2. 我在哪些关系中实现了良好的合作，又在哪些关系中合作不畅？

3. 有效的合作能为我的人际关系带来哪些好处？

4. 如何提高自己在人际关系中的合作能力？

思考二：关于人际关系中的界限设定

1. 我在人际关系中是否明确设定了个人界限？

2. 我是否因为害怕断绝关系而不敢设定或维护个人的界限？

3. 设定界限是否有助于我建立更健康的人际关系？

4. 我如何平衡个人界限与他人的需求？

思考三：关于精简人际关系

1. 我目前的人际关系中有多少是真正有价值的？

2. 哪些关系是我可以精简掉的？

3. 精简人际关系会给我的生活带来哪些具体变化？

4. 我该如何有策略地进行人际关系的精简，同时还不伤害他人感情？

06 告别拖延，让时间更有价值

　　刘奇是一个充满抱负的年轻人，对未来有着诸多规划。然而，他一直被拖延症困扰。

　　每天早上，刘奇都会带着满满的决心踏入办公室，心中暗自发誓："今天一定要高效完成所有工作。"然而，当他真正坐在电脑前，那份决心似乎瞬间就被无形的力量所稀释。他先是习惯性地打开手机，浏览着无关紧要的信息；接着耳机里流淌出悠扬的音乐，本意是想放松心情，却不知不觉地成了分散注意力的"帮凶"。偶尔，同事间的闲聊也成了他逃避工作的借口，一上午的时间就这样悄然流逝，工作依旧空白如初。

　　午餐过后，刘奇又开始在心底默默规划："下午，我一定要全力以赴，把方案赶出来。"但当他面对电脑，那份决心又变得脆弱不堪。时间仿佛被拉长，而工作进度却纹丝不动。

　　转眼间，夕阳西下，办公室的灯光逐渐亮起，刘奇望着那几乎未动的方案，心中焦急万分。明天就是提交方案的最后期限，可他连一半都未完成。在恐慌与自责中，他匆匆拼凑出一个不成样子的方案，试图蒙混过关。

　　几天后，在方案评审会上，刘奇的方案因缺乏深度和创新被领导点名批评。那一刻，他心中五味杂陈，既有对拖延的悔恨，也有对未来的迷茫。他意识到，改变不能再只是说说而已。

刘奇开始深刻地反思自己的行为。他渐渐明白，拖延不仅仅是时间管理出了问题，更是自己内心的一种逃避。他害怕面对这份报告可能带来的困难和挑战，所以选择了拖延，而这又让他陷入了更深的焦虑和更大的压力之中。

明天报告就要交了，这可怎么办哪？我就不应该拖延到现在！

心灵密码

在日常生活中，"拖延"这个词越来越被人们挂在嘴边。不少人在社交平台上抱怨："拖延真是个大问题！""我怎么老是改不掉拖拖拉拉的坏习惯？""谁能帮帮我，把拖延的毛病改了？"可这些抱怨往往只是说说而已，真正去改变的人并不多。

我们经常会看到，很多没能及时完成的工作和计划，不管是什么原因，拖延总能成为最好的借口。"唉，都是拖延害的。"这句话张口就来，似乎成了推卸责任的万能钥匙。其实，拖延不仅是因为懒惰，它产生的原因很复杂，而且影响着各行各业的人，从白领到学生，再到事业有成的人，都或多或少有拖延的问题。

我们经常会问："时间都去哪儿了？"其实，时间并没有被偷走，而是被我们在不经意间浪费了。虽然我们无法选择环境，但对于时间的把握，我们是可以做主的。

所以，问题不在于环境，而在于我们自己是否愿意改变。你可以选择继续拖延，让日子一天天混过去；也可以选择珍惜时间，让生活变得更加充实。只有真正意识到时间的宝贵，并下定决心改变，我们才能摆脱拖延的困扰。

我做事情总是拖延，怎么办哪？

那你得下决心改变哪，别让拖延毁了生活！

断舍离智慧

克服拖延，实现高效人生

1. 勇敢开始行动

生活中，我们常常被各种思想和计划所缠绕，总是难以迈出关键的第一步。我们总是担心结果不如意，害怕遭遇挫折，于是在迟疑中蹉跎了时光。只有勇敢地行动起来，我们才能真正踏上改变人生的道路；只有勇敢地迈出第一步，我们才能在实践中找到解决问题的方法，逐步克服拖延的坏习惯。

2. 认识拖延的危害

拖延会给我们的生活带来诸多不良后果。它可能使工作进展缓慢，让我们错过晋升机会；也可能使我们错过与亲朋好友相聚的美好时光，影响人际关系的和谐。当我们真切地认识到这些危害时，便会拥有更强大的动力去战胜拖延。

3. 设定明确的期限

拖延的人常常习惯于将任务拖延至最后一刻才着手去做。为避免这种情况的发生，我们需要为自己设定一个清晰明确的期限。例如，当领导要求在一周内完成任务时，我们可以将完成时间提前至第五天或者第四天。这样一来，既能够保证任务的质量，又能避免在最后时刻陷入紧张与压力之中。设定明确期限的好处在于，它能促使我们更好地规划时间，提高工作效率，从而摆脱拖延成性的困扰。

4. 直面困难与挑战

很多时候，拖延的根源在于我们害怕面对困难。一旦遭遇难题，我们往往会选择逃避，一拖再拖，但实际上，困难并没有我们想象中那般可怕。只要我们勇敢地去面对、去尝试，就会发现问题并没有那么复杂。所以，当我们遇到难题时，切不可逃避，而是要勇敢地迈出第一步，积极地去寻找解决问题的办法。

5. 接受不完美

追求完美也是导致拖延的一个重要因素。许多人因执着于追求完美而犹豫不决，最终导致任务无法按时完成。然而，世界上没有十全十美的事情。

昨天领导布置的任务要赶紧做了，我不能再拖延了，先迈出第一步再说。

我们应当学会接受不完美，不要给自己施加太大的压力。

头 脑 风 暴

思考一：关于拖延症与习惯的养成

1. 你有哪些不良习惯可能导致拖延？比如晚睡会引发拖延吗？

2. 良好的习惯对克服拖延有多大的帮助？早起的习惯能减少拖延吗？

3. 习惯的养成难度与拖延程度有关系吗？难养成的习惯会加重拖延吗？

4. 我该如何培养良好的习惯来对抗拖延症？

思考二：关于拖延症与心理状态

1. 自信对拖延有何影响？缺乏自信会导致拖延吗？

2. 焦虑情绪会引发拖延的行为吗？焦虑时是否更容易拖延？

3. 积极的心理暗示对克服拖延有作用吗？如何进行积极的心理暗示？

4. 怎样调整心理状态来减少拖延？

思考三：关于拖延症与自我管理

1. 我的时间管理是否合理？混乱的时间管理会造成拖延吗？

2. 我对自己的情绪管理如何？负面情绪会导致拖延吗？

3. 自我约束能力对拖延有多大的影响？缺乏约束会加重拖延吗？

4. 怎样提升自我管理能力以减少拖延？

07 理性消费，极简购物也挺好

　　林晓收入平平，却对购物充满热情。每当商场打折或电商促销时，她总是冲在前面，无论是否需要，只要价格诱人，她就会毫不犹豫地收入囊中。这种无节制的消费习惯，让林晓不仅成了"月光族"，还背上了沉重的债务。

　　随着债务的"雪球"越滚越大，林晓感受到了前所未有的压力。眼看信用卡就要逾期了，她终于鼓起勇气向妈妈坦白了自己的困境，希望得到妈妈的帮助。没想到，妈妈听后并没有立即伸出援手，而是语重心长地说："晓晓，你已经不是小孩子了，要学会为自己的行为负责。这次我可以帮你，但你必须答应我，以后要学会理性消费，极简购物，别再让这种无意义的消费拖累你了。"

　　妈妈的话如同一记重锤，敲醒了林晓心中沉睡的理智。她开始反思自己的购物习惯，意识到那些冲动之下购买的东西，大都成了角落里无人问津的摆设。于是，林晓下定决心，要改变无节制的消费习惯。

　　她开始学习在购物前做足功课，只买真正需要且性价比高的商品；遇到打折的诱惑时，她会先问自己："我真的需要这个吗？"而不是盲目跟风。渐渐地，林晓发现，原来极简购物也能带来满足感，不仅节省了大量金钱，还让自己的生活变得更加简单和有序。

　　几个月后，林晓不仅还清了信用卡债务，还积累了一笔存款。她感

激地抱住妈妈说："谢谢您，妈妈，是您让我学会了理性消费，让我明
白了极简购物的真谛。"

我不能再冲动
购物了，家里
堆了一堆没用
的东西。

心灵密码

控制好自己的购物冲动，对于想要简单生活的人来说，跟定期整理家
中的杂物一样重要，甚至可以说是能否过上简约生活的关键。很多时候，当
100元商品突然降到40元，有的人就会感觉如果不买，就好像损失了60元一
样。回想那些原本我们并不需要的东西，在经过"半价""满额立减""买
一赠一"这些促销活动的包装后，就变得好像是我们生活中不能缺少的
一样。

在追求简单生活的过程中，我们必须跟自己的购物欲望和冲动消费进行
斗争。你可以选择在半价的时候买一件看起来还不错的东西，但你也可以选
择控制自己的购物欲，把省下来的那些钱全部用在购买自己真正需要的东西
上。这样就能减少外界对我们的干扰，从而有更多的时间、空间、金钱去做
更有意义的事情。

我们要明白，商家的营销策略是多种多样的，他们可以以各种理由、各
种节日来进行促销。按照现在的网络营销情况来看，一年12个购物节都算是

少的。所以，我们要保持清醒的头脑，不要被商家的广告所迷惑，不要让他们的促销活动影响我们的判断。简单生活的本质，是追求内心的宁静，而不是外在物质的堆砌。

断舍离智慧

极简消费指南——理性消费

1. 明确需求，避免盲目购物

在购物之前，我们应明确自己的实际需求。不妨多问问自己，这件东西家里是否已经有了类似的。很多时候，我们往往会因为一时冲动，或者仅仅觉得"这个看着不错，买一个吧"，就盲目购买，结果导致家里同类物品不断堆积，最终沦为闲置品。所以，在购物时，先仔细审视一下家里现有的物品，认真思考一下是否真的有必要再进行购买。

2. 实用为主，拒绝跟风消费

在购买商品时，一定要以实用性为首要考量，切不可盲目跟风。如今很多商品在广告的渲染下看似十分诱人，但真正买回家后并不实用，最后只能沦为摆设。因此，在决定购买一件物品之前，我们要认真思考一下这件物品是否真的能在日常生活中发挥作用。

3. 考虑替代，减少不必要的开支

在决定购买某件商品之前，可以试着考虑一下是否有其他替代方案，或者是否可以向他人借用。比如，对于一些只是偶尔使用的工具或设备，我们可以考虑向朋友或邻居借用，也可以看看家里是否有其他物品可以替代其功能。这样做不仅能够节省开支，还能够有效避免物品闲置，实现资源的合理利用。

4. 质量优先，注重长远效益

在购买商品时，我们还要考虑质量。虽然有些低价物品在表面上看起来很诱人，但往往质量不可靠，使用寿命也很短。而高质量的物品虽然价格可能稍高一些，但使用寿命长，使用起来也更加舒适。所以，在购买时，我们要学会权衡价格和质量，从长远的角度出发，选择性价比高的物品，这样才能真正实现物有所值。

5. 投资自我，实现智慧消费

在消费的过程中，我们要记得投资自己。比如，可以购买一些书籍、课程或者参加一些培训来提升自己的知识和技能。这些投资虽然在短期内可能看不到明显的回报，但从长期来看，会对自己的职业发展和生活质量产生积极的影响。

6. 理性评估，避免过度消费

在购物时，我们还要理性地评估自己的购买能力。有些物品虽然看起来

这些书我要买来学习，当作投资自己。

很好，但价格高昂，超出了自己的承受范围。在这种情况下，我们要学会接受现实，不要盲目购买，可以先将这件物品放入愿望清单中，等将来经济条件允许时再进行购买。同时，也要避免使用贷款等方式透支未来，以免给自己带来不必要的经济压力。

头 脑 风 暴

思考一：关于消费需求的认知

1. 我是否真的清楚自己的消费需求？不清楚需求会导致非理性消费吗？

2. 如何判断哪些是真正的需求，哪些是冲动购买？误判会过度消费吗？

3. 明确消费需求对理性消费有多重要？需求模糊会增加不必要的开支吗？

4. 我可以通过哪些方法更好地明确自己的消费需求？

思考二：关于消费决策的过程

1. 消费决策是基于理性分析还是一时冲动？冲动决策会带来不良后果吗？

2. 在做消费决策时，我会考虑哪些因素？忽略某些因素会导致非理性消费吗？

3. 如何提高消费决策的合理性和科学性？不合理决策会影响我的生活质量吗？

4. 消费决策的时间长短对理性消费有影响吗？快速决策容易出现非理性消费吗？

思考三：关于消费习惯的养成

1. 我的消费习惯是理性的还是随意的？随意的消费习惯会造成浪费吗？

2. 良好的消费习惯对生活有哪些积极影响？不良习惯会增加我的经济压力吗？

3. 如何培养良好的消费习惯以实现理性消费？习惯难改会阻碍理性消费吗？

4. 消费习惯与个人价值观有怎样的关系？价值观偏差会导致非理性消费吗？

08　工作环境断舍离，不再"磨洋工"

"一屋不扫，何以扫天下？"这句古训在很多时候都有着深刻的现实意义，可年轻的凌丽似乎并没有意识到这一点。

凌丽在公司里担任着一份普通的职务，然而在她的办公桌上却总是堆满了各种各样的东西。文件杂乱地堆放着，仿佛一座摇摇欲坠的小山；书籍随意地散落着，有的已经积了薄薄的一层灰尘；各种小摆件东一个西一个，杂乱无章。

每天一上班，凌丽坐在如同杂货铺般的办公桌前，总是难以集中精力，那些随意摆放的物品似乎在不断地向她发出干扰信号。她一会儿被那个可爱的卡通玩偶吸引，拿起来摆弄几下；一会儿又看到那本半开着的书，随手翻上几页，却又很快放下。她的思绪如同混乱的桌面一样，难以厘清。

有一次，一位重要客户到公司参观。当客户路过凌丽的办公位置时，混乱的景象让客户微微皱起了眉头。虽然客户没有说什么，但凌丽从他的表情中看到了一丝不满。

领导也注意到了凌丽办公桌的杂乱问题，多次提醒她要注意整理，但凌丽总是不以为意，觉得这只是小问题，不会对工作产生太大的影响。然而，随着时间的推移，凌丽发现自己的工作效率越来越低，经常会因为找不到需要的文件而浪费大量的时间。她开始意识到，杂乱的办公桌真的成了自己工作的阻碍。

心灵密码

在日常工作中，工作环境至关重要，尤其是对于需要长时间伏案的工作人员来说，桌面的整洁程度直接影响了工作效率。

为了验证这一观点，我们可以进行一个简易的测试。将桌面上所有的物品移至他处，确保其不在视线范围内，仅留下正在阅读的一本书、一支笔和一张纸（或一本记事本）。随后，全神贯注地阅读20分钟，你会察觉到效率有了显著的提升。

之所以会出现这样的情况，是因为当桌面物品精简且布局有序时，大脑能够更加专注于当前的任务，进而提升工作效率。曾有人认为，桌面杂乱的人更具创新精神，而桌面整洁的人则更适合执行任务，这种观点存在一定的片面性。事实上，经过深入的调研发现，许多在创新领域具有卓越成就的领军人物以及创意大师，他们的桌面始终保持着简洁的状态。

为了进一步优化工作环境，我们可以尝试列出自己在日常工作中真正需要的物品。无论从事何种行业，真正频繁使用的物品通常不会超过10件，最为常用的更是屈指可数。因此，为了提升日常工作的效率与质量，从现在起，努力打造一个更加简洁、高效的工作环境吧！

我把桌面收拾整洁，工作起来就更有效率了。

真的吗？我也试试。

断 舍 离 智 慧

打造简洁的办公空间

1. 清理桌面，确定核心工具

对办公桌进行一次大清理。把那些并非工作真正需要的物品都清理出去，只留下关键工具，给它们找到固定的位置放好。对于那些功能重复或者很少用到的物品，把它们收进抽屉或者柜子里，让它们不在视线范围内出现。这样，你的桌面会变得更加整洁，而且当你需要某个物品时，也能够很快找到，从而提高工作效率。

2. 排除干扰，营造专注的空间

一个没有干扰的工作环境是保持专注的基础。当你准备开始工作时，要确保周围没有会让你分心的东西。如果老旧的台灯会闪烁，那就换掉它；如果有发出噪声的电器，就把它移到别的地方；如果墙上的装饰画或者照片会让你走神儿，就把它们取下来。只有这样，才能营造出一个真正让你专注的工作环境，从而更高效地完成工作任务。

3. 分类管理，采用标签区分

为了更好地管理办公物品，可以尝试对它们进行分类存放。把与工作相关的物品归为一类，标记为"工作类"，比如文件、笔记本等；把与财务相关的物品归为"财务类"，如账本、发票等；把与生活相关的物品归为"生活类"，如纸巾、水杯等；把与娱乐相关的物品归为"休闲类"，如耳机、小说等。

办公物品分好类，才能更好地管理和使用！

头脑风暴

思考一：关于桌面整洁与工作效率的关系

1. 整理办公桌能节省多少办公空间？

2. 为什么桌面整洁能够提升工作效率呢？

3. 有哪些切实可行的办法可以长期维持桌面整洁？

4. 不同程度的整洁桌面会使工作成果产生多大差距？

思考二：关于无干扰的工作环境

1. 工作环境中的主要干扰来自哪些方面？

2. 打造无干扰的工作环境，我需要物理空间的隔离还是心态的调整？

3. 无干扰的工作环境具体能带来哪些益处？

4. 在复杂的办公场所如何构建相对无干扰的环境？

思考三：关于办公物品的分类管理

1. 对办公物品进行分类管理有哪些具体的作用？

2. 怎样确定适合自己的物品分类管理标准？

3. 整理归档办公用品后，我的工作心情是不是变好了？

4. 暂停一段时间办公物品的分类管理，办公效率会不会大幅下降？

09 信息极简，屏蔽生活中的信息垃圾

　　林丽丽是一家企业的文员，不知从什么时候起，她对各种App上的信息着了迷。休息时间，别人在放松或者交流工作，她却总是捧着手机，沉浸在新闻资讯、娱乐八卦里，看看又有哪些新鲜事发生。一会儿想着这个热点话题大家是怎么评论的，一会儿又惦记着哪个明星又有了什么新动态。工作任务常常被她一拖再拖，效率低得可怕。她在这些无关紧要的信息上浪费了大量时间，却忽视了自己的本职工作。

　　下班回到家之后，林丽丽本想做一顿美味的晚餐，然后看看书提升一下自己。可一进门，她就习惯性地躺在沙发上，拿起手机开始刷各种视频、购物推荐。时间在她的指尖上飞速流逝，等她反应过来时，已经很晚了，原本计划的事情一件都没做。

　　有一次，公司接到一个重要项目，领导把一部分任务交给了林丽丽，并要求她在一周内完成。林丽丽一开始还信心满满，觉得自己可以兼顾看信息和完成工作，但随着时间一天天过去，她发现自己根本无法集中精力。她总是忍不住去看手机，一会儿不看就觉得心里空落落的。结果，到了截止日期，她不仅没有完成任务，还做得一塌糊涂。领导对她非常失望，狠狠地批评了她。

　　林丽丽这才如梦初醒，意识到过度关注各种信息，已经让自己

陷入了困境。她就像被信息的枷锁困住，无法抽身，也无法进步。她明白，必须学会控制自己对信息的渴望，不能让信息主宰自己的生活。

> 昨天追了个升职帖子，今天我得去贴吧看看那个人更新了没有。

心灵密码

在信息爆炸的时代，筛选信息至关重要。智能手机在带来便利的同时，也成为信息干扰的主要源头。很多人在手机上虽然花费了大量时间，却往往收获甚少。

我们不能任由手机应用的推送占据时间。要学会主动筛选信息，比如，记录自己真正关注的微博博主、微信公众号等，只在这些特定的平台上根据需求主动查找信息。这样才可以避免被大量无关的推送信息分散注意力。

我们应理智和成熟地对待信息。学会拒绝无关紧要的信息，从源头切断可能分散注意力的信息源。在浏览手机信息时，要有明确的目的和自我意识，确保每次的信息获取都有价值。

当我们能够有效地筛选信息时，就可以避免在海量的信息中迷失，不再被那些无关痛痒的消息所干扰。这时，我们就可以把更多的时间用于学习新知识、提升自己，或者进行有意义的思考。这样，我们的生活才能更加轻松愉悦，充满意义。我们要时刻提醒自己，在信息的海洋中保持清醒的头脑，不随波逐流，并有针对性地获取信息，为自己的成长和发展助力。

我总是被各种信息干扰，没办法静下心来好好工作，怎么办？

你要学会筛选信息，建立清单，只关注那些真正有用的信息。

断舍离智慧

简化信息管理，精简生活

1. 主动筛选信息，减少被动接收

在信息爆炸的时代，我们被大量的信息所包围，其中很多都是被动接收的。比如，社交应用的红点提示、未读消息，以及各种营销短信等，这些信息不仅干扰我们的注意力，还可能浪费我们大量的时间。因此，我们要学会主动筛选信息，关闭社交应用的红点提示，退订不必要的营销短信。

2. 彻底清查信息存储的位置

我们的数据常常分散在手机相册、外部硬盘、云端存储和各类社交应用的收藏夹中。这种分散存储的方式，使得我们在急需某条信息时，如同大海捞针般难以找到。所以，第一步就是要清查所有信息的存储位置，确保对自己的信息存放地点了如指掌。

3. 集中管理，统一归类

为避免信息混乱，我们需将同一类型的文件集中存放在一个固定的位置。比如，将所有视频和图片转移到云存储中，并注销其他不必要的存

储平台，避免信息分散。同时，选择一款合适的文档管理工具，将所有文章、笔记、日志等文档统一归类，这样既能节省查找时间，又能提高工作效率。

4. 明确命名，有序分类

给所有文件设定明确的命名规则并进行有序分类，这样做能提高信息查找的便捷性。对于照片，可以按照拍摄地点和日期进行命名和分类；对于文档，可以根据工作、生活、时间、人物等要素进行命名和归类。这样在我们需要时就能迅速找到所需信息。

5. 精简应用，避免冗余

在移动应用的选择上，应坚持精简原则。避免安装过多同类应用，如选择一个云存储应用存放所有文件，选择一个修图应用满足图片编辑需求，选择一个写作平台进行文字创作。同时，还可以利用小程序等轻量级应用减少手机内存的占用。在安装应用时，谨慎选择是否允许推送消息，避免被无用的通知所打扰。

6. 定期整理，保持信息清爽有序

最后，为保持信息清爽有序，我们需要定期进行整理。这包括删除无用截图、合并重复文档、将有用信息转移到合适的位置等。我们要意识到自己是信息的掌控者，明智选择接收和存储哪些信息，这样才能拥有充实而有趣的生活，而不被无用信息所淹没。

电脑的垃圾信息太多了，我要好好清理一下。

头脑风暴

思考一：关于信息过载的影响

1. 我是否真的需要接收海量的信息？

2. 信息过载是否正在消耗着我的时间和精力？

3. 我是否有能力筛选出真正有价值的信息，避免被无用的信息所干扰？

4. 我是否应该学会主动屏蔽无关信息，专注于真正重要的事情？

思考二：关于信息筛选的重要性

1. 不进行信息筛选会带来哪些严重的后果？

2. 为什么信息筛选对我的生活如此重要？

3. 如何有效地进行信息筛选？

4. 不同的信息筛选方式会产生多大的差异？

思考三：关于简化信息的影响

1. 简化信息后，你是否发现自己的注意力更加集中，思维更加清晰？

2. 减少无效信息的干扰，是否让我有更多的时间和精力去专注于个人成长？

3. 在信息简化的过程中，我是否学会了更加高效地利用时间？

4. 长期来看，简化信息是否有助于我构建一个更加积极和有意义的生活方式？

第 四 章

断舍离秘籍，生活大翻转

旧的不去，新的不来。我们学会放手不再需要、不合适、不喜欢的物品，给生活腾出更多空间。这不仅是整理物品，也是在整理心情，减少不必要的牵绊。每次断舍离，都是对生活的重新思考，让我们的居住环境变得更加清爽，心灵也得以放松。这样的改变不仅仅会让我们的生活变得更加简单纯粹，还会为我们带来全新的面貌和宝贵的机会。

犹豫不决？那就开启时间胶囊

在朋友的眼中，明月一直是个温柔且热爱生活的姑娘。但只有去过她家的人才知道，她在面对物品的去留时，常常犹豫不决，因而她的家中摆满了各式各样的旧物，就像一个小型的旧货仓库。

明月家客厅的角落里堆满了各种纸箱子，有的已经积满了灰尘，也不知道里面装着什么宝贝。走进卧室，衣柜被塞得满满的，那些很久没穿过的衣服层层叠叠地挤在一起，想要翻找出来都很难。

有一条围巾，明月已经五年没有戴过了，可她就是舍不得扔掉。她总觉得将来某个时刻，这条围巾能再次戴上。还有那些小家电，什么酸奶机、面包机、榨汁机等，当初都是被导购说得心动不已才买回家的，可现在大多闲置在一旁，落满了灰尘。

明月的备用物品更是多得让人眼花缭乱。换了新的电脑配件后，旧的被小心翼翼地收了起来，明月在心里反复琢磨，到底该不该留着。买了新的碗碟，旧的也舍不得扔，依然整齐地摆放在柜子里。

有一天，明月的朋友来家里做客，被满屋子的杂物惊呆了。朋友劝说明月可以试试时间胶囊，清理掉一些没用的东西。于是，明月找来一些漂亮的盒子，把旧衣物、小家电、备用物品等分类整理好，放进不同的盒子里。虽然还是没有完全下定决心扔掉这些东西，但至少这样能让她的家暂时变得整洁一些，也让她的心情稍微轻松一点儿。明月知道，自己遇事犹豫的心态一时难以改变，但有了时间胶囊，她仿佛找到了暂时的出口。

心灵密码

在断舍离的道路上，我们很多人常常陷入纠结之中。家里那些许久都没用到的东西，总是让人难以割舍。看着那些衣服，有些很久都没穿过了，却一直放在衣柜里，心里总想着说不定哪天就会穿上它。

我们总是在扔与不扔之间犹豫，想让家里整洁点儿，可又对那些物品充满了不舍。这种纠结就像一道难题，让我们在断舍离的道路上举步维艰。不过，这里有个办法可以解决这个难题，那就是开启时间胶囊。我们可以把那些舍不得扔又不常用的东西整理好，比如，把旧衣服叠整齐，写下当时买它的场景和对未来可能穿它的期望，然后放进一个箱子里，这就是时间胶囊。小家电也一样，记录下使用它的回忆，然后放进去。把备用物品精心打包好，标注好用途和存放理由。

这样一来，既不会让这些东西继续占据家里的空间，又保留了未来可能用到它们的希望。当未来的某一天，我们突然想起某个东西，就可以打开对应的时间胶囊，看看是不是真的需要它。有了时间胶囊，我们在面对物品的去留时就不会那么纠结了，可以更加从容地追求断舍离，让家里变得整洁有序。

你看这些小家电，都闲置多久了，留着有什么用呢？

我舍不得扔啊，总觉得以后可能会用到。

断舍离智慧

时间胶囊置物法，让家居整洁有序

1. 明确理念，指引方向

在日常生活中，看到家里各种杂乱的物品，我们经常不知道该怎么办才好。时间胶囊置物法的好处就是，可以把那些我们不确定要不要留着的东西先暂时存放起来，再定一个特定的时间，在这段时间里看看这些东西以后是不是真的用得上。这样既能让家里保持整洁，又能避免我们因一时冲动扔掉可能还有用的东西。

2. 用心准备，精确筛选

要运用时间胶囊置物法，首先要用心做好准备工作。我们可以找一个大小合适的储物箱，把它当作我们的"时间胶囊"。然后，对家里的物品进行筛选。在筛选的时候，我们可以不断地在心里问自己："这件东西我有没有用过呢？以后我会不会需要它？如果暂时不需要，我愿不愿意把它放进时间胶囊里呢？"通过这样的自我反问，我们能够更加准确地判断出哪些物品是真正需要的，哪些物品是可以暂时存放起来的。最后，我们还应该充分考虑物品的季节性、实用性等各种因素，这样才能确保筛选的结果更加准确无误。

3. 合理设定，细致观察

为了确保时间胶囊置物法能够取得良好的效果，我们要设定一个合理的时间期限，期限的设定应该根据物品的性质和实际需求来进行。比如说，对于季节性比较强的衣物，我们可以设定大约一年左右的时间期限，而对于一些日常使用的物品或者工具，我们可以设定半年或者三个月的时间期限。在设定好的时间里，好好观察自己对这些物品的需求情况。要是这段时间里从来没想过这些物品，或者它们在生活中没起任何作用，那这些物品很可能就不是我们真正需要的。

4. 科学评估，勇敢决定

当设定的时间期限到了之后，我们就要对时间胶囊中的物品进行科学的评估。再次认真地审视这些物品，好好地思考一下在未来的日子里我们是不是真的还需要它们。如果答案是否定的，我们就应该果断地把这些物品从时间胶囊中取出来，可以进行捐赠、二手出售或者直接丢弃。如果发现这些物品仍然具有一定的使用价值或者潜在的需求，那么我们就可以把它们重新放回原来的位置，让它们继续为我们服务。

头 脑 风 暴

思考一：关于时间胶囊置物与物品价值的衡量

1. 这件物品的价值究竟体现在何处？

2. 它在未来的潜在价值有多大？

3. 不放入时间胶囊直接处理是否恰当？

4. 如何准确判断物品的使用价值与空间占比？

思考二：关于时间胶囊置物的期限考量

1. 怎样设定时间期限才最为合理？

2. 期限设置过长会带来哪些问题？

3. 期限设定过短是否难以有效判断需求？

4. 如何动态调整时间期限以适应变化？

思考三：时间胶囊置物与生活的变化

1. 未来生活的变化会影响我对物品的需求吗？

2. 当下不确定的物品在生活变化后会怎样？

3. 时间胶囊能适应生活的动态变化吗？

4. 如何根据生活的变化调整时间胶囊内的物品？

02 目标明确，拒绝"三分钟热度"

　　苏瑶的邻居张姐最近总在小区里跟人夸赞自己家里变得非常整洁。原来，张姐开始践行断舍离了，她把家里不需要的东西都清理掉了，使整个家焕然一新。大家听了都很羡慕，纷纷讨论起断舍离的好处。

　　苏瑶听到这些话，心里也有些触动。她想到自己的家，每次找东西都要翻箱倒柜，杂乱的环境让她时常感到烦躁。回到家后，苏瑶看着满屋子的物品，衣柜里被挤成一团的衣服，橱柜上摆得满满当当的小摆件，还有角落里那堆未拆封的快递盒子，她第一次觉得家里实在是太乱了。

　　这天，苏瑶的孩子从学校回来，一进家门就嘟囔："妈妈，家里好乱哪，我找作业本都要找好久。"苏瑶尴尬地笑了笑，她开始思考自己是不是也该尝试一下断舍离。她想家里要是能变得整洁有序该多好哇，不仅找东西不再费力，还能减少不必要的开支，为家里节省一些资金。

　　有了这个想法后，苏瑶开始行动起来。她决定先从物品极简开始，把衣柜里的衣服全部拿出来，一件一件地筛选。那些已经很久没穿的、不合身的或者不喜欢的衣服，她决定捐赠出去。接着，她又清理了橱柜里的小玩意儿和角落里的快递盒子。在这个过程中，苏瑶发现很多物品她买的时候觉得很喜欢，可实际上却很少用到。

　　清理完物品后，家里确实变得宽敞明亮了许多，苏瑶心里也充满了成就感。可没过几天，苏瑶在网上看到一款漂亮的裙子，她又心动了。她想：就买这一件应该没关系吧。于是，她下了单。接着，她又看到一些可爱的小饰品，又没忍住买了下来。

　　渐渐地，家里又有了杂乱的迹象。苏瑶的断舍离就这样虎头蛇尾地结束了。

唉，都怪自己忍不住，又开始买买买，家里又放不下了。

心灵密码

　　在决定开始断舍离之前，一定要好好规划一下。要是没有清楚的目标和足够的动力，很容易变成"三分钟热度"。所以，我们需要深入剖析自我需求，找到真正的动力。不能只看表面，得问问自己到底为什么想要这样的生活。只有找到心底最真实的愿望，才能坚定信念。在众多目标之中，应挑选出一个最为渴望实现的目标作为起点。接下来就要思考具体的行动方法了。我们可以从整理物品、精简信息、清理家居环境或者进行理财规划等方面着手。通常建议从整理物品开始，因为在这个过程中，我们能够更加深入地了解自己，从而真正实现断舍离的目标，让生活变得更加简单，更有意义。

> 唉，我也想试试断舍离，可不知从何处下手。

> 你可以先从整理物品开始呀，在这个过程中能更好地了解自己。

断舍离智慧

断舍离实战策略

1. 新手极简易踩雷，找准方向是关键

许多人在刚开始尝试断舍离时，常常会有一些错误的认知。他们觉得断舍离就是疯狂地扔东西，这样往往在短暂的清爽后，又会被更强烈的购物欲所包围，让内心充满挫败感。实际上，断舍离的核心是追求内心的宁静与生活的品质，绝不是单纯地减少物品。极简之路上有三种典型的人："怀旧党"对旧物有着深深的眷恋，难以割舍；"激进派"一心追求极致简化，恨不得让家里空无一物；"平衡者"则能在保留与舍弃之间巧妙地找到那个平衡点。新手们应该以"平衡者"为榜样，避免走向极端。

2. 剖析极简阻碍源，对症下药破难题

断舍离的过程中有很多阻碍：其一，缺乏正确的引导和方法，导致人们盲目跟风、模仿；其二，社会压力与消费主义的诱惑如同强大的磁场，影响着人们的判断；其三，很多人将极简视为一个结果，而忽视了其背后包含的

生活态度。要跨越这些阻碍，必须树立正确的观念。要明白极简是一种生活态度，而非一时的冲动跟风。在消费与简约之间找到那个平衡点，既不压抑自己的合理欲望，也不肆意放纵消费。

3. 把握生活动态，精心规划

生活是不断变化的，这就要求我们学会做减法和加法，果断丢弃不再需要的物品，同时谨慎地让新物品进入我们的生活。要清楚，每个人的极简标准都不一样，无须与他人比较。为了维持这种动态平衡，我们需要精心制订长期规划，明确自己的目标，让规划成为我们极简实践的指南，避免陷入盲目跟风或半途而废的困境。

4. 克服极简三分钟，持续动力筑美好

在极简的旅程中，"三分钟热度"是常见的问题。要战胜它，我们可以从以下几个方面入手：首先，接纳自己的不完美和波动，与自己达成和解。其次，将极简当作一种生活方式，培养长期主义思维。再次，通过记录物品清单提升自我觉察和反思的能力。最后，找到适合自己的极简节奏与方式，既不过于激进，也不过于保守。如此，才能保持持续的动力，尽情享受极简带来的内心宁静与生活品质的提升。

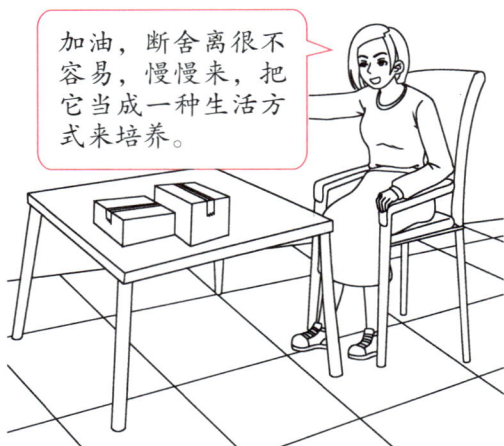

加油，断舍离很不容易，慢慢来，把它当成一种生活方式来培养。

头|脑|风|暴

思考一：关于断舍离的选择

1. 断舍离仅仅是扔掉不需要的物品吗？

2. 践行断舍离的时候，保留物品的标准是什么？

3. 舍弃旧物对于断舍离到底有多重要？

4. 过度追求物质的生活会给我带来哪些坏处？

思考二：关于断舍离带来的满足感

1. 断舍离真的能让我的内心感到满足吗？

2. 是物质的减少能带来满足，还是精神的充实能带来满足？

3. 没有了丰富的物质，我会不会感到空虚？

4. 怎样才能在断舍离中持续获得满足感？

思考三：关于断舍离的可持续性

1. 怎样才能让断舍离长期坚持下去？

2. 断舍离在不同的人生阶段会有怎样的变化？我该如何应对？

3. 在消费文化的影响下，我应该如何保持断舍离的定力？

4. 断舍离是否适用于所有人？如果不是，哪些人可能不太适合断舍离？

03 切断连锁效应，从源头开始断舍离

　　有一天，姗姗在热闹的商业街闲逛，偶然间走进一家服装店。在众多的衣服中，她一眼就看到了一件心仪的连衣裙。那件裙子是淡雅的米白色，上面印着精致的小碎花，款式既优雅又俏皮。于是，姗姗毫不犹豫地买下了这件裙子，想象着自己穿上它的美丽模样。

　　可回到家后，姗姗把裙子拿出来试穿，却发现没有合适的鞋子可以搭配。她在鞋柜里翻找了半天，总觉得现有的鞋子要么颜色不搭，要么款式不合适。于是，她又赶紧去商场，在各个店铺中穿梭，精挑细选了一双白色的帆布鞋。这双鞋子简洁大方，和裙子搭配起来非常和谐。

　　有了新裙子和新鞋子，姗姗觉得还得有个包包才完美。她又在网上浏览了各种包包的图片和评价，经过反复比较，终于挑中了一个黑色的挎包。这个包包款式简约时尚，容量也很大，可以放下她的日常用品。

　　接着，她又觉得还少顶帽子。她觉得一顶合适的帽子可以为整个造型加分不少。她在饰品店里试戴了各种帽子，最后买了一顶米色的帽子。这顶帽子很有文艺气息，和她的裙子非常搭。

　　最后，为了让妆容更出彩，她又买了最新款的口红。口红的颜色是温柔的豆沙色，非常适合她的肤色。

就为了一件连衣裙，姗姗不知不觉添置了好多东西。家里的空间被这些新物品占得满满的，显得有些拥挤。姗姗看着越来越多的东西，心里开始有些犯愁了。

> 哎呀，为了配一条裙子，我不知不觉买了这么多东西。

心灵密码

在日常生活里，我们经常会陷入购物的连锁反应之中。一个小小的东西，说不定就会引发一连串的购买行动，到最后东西堆得像小山一样，家里变得特别拥挤。想要终止这种连锁反应，重点是得从一开始就进行舍弃。

当我们看到一个很喜欢的东西时，不能一时冲动就把它买下来。得好好想想，这个东西是不是真的对我们有用，能不能和我们已经有的东西搭配起来。要是没有合适的搭配，也别着急去买新的东西，可以试试从现有的东西中找找灵感，通过一些有创意的组合来满足自己的要求。

这样我们才能阻止购买物品的连锁反应，让生活变得简单又清爽，同时享受真正有质量的生活。

我最近总是忍不住买东西，家里堆得乱七八糟的。

你要学会控制呀，别看到喜欢的就买，要想想自己是不是真的需要。

断舍离智慧

断舍离从理性消费开始

1. 聚焦核心，精简有方

断舍离的开启，可以先从家中的关键物品下手。打个比方，假如家里已经有了一台微波炉，那就好好挖掘它的各种功能，尝试各种微波炉美食，别总惦记着只有烤箱才能做出来的菜肴。因为一旦买了烤箱，就会发现还得配上一系列的工具以及烘焙材料，这样家里的东西就会越来越多。所以，当我们想要添置新物品的时候，要围绕现有的核心物品来考虑，避免因为一个新东西的到来而引发一连串不必要的购买行为。回想一下过去的购物经历，我们常常会发现，很多时候一时冲动买下的东西，最后都变成了家里的闲置物品，既占空间又浪费资源。

2. 理性消费，价值至上

断舍离并不是完全不花钱，而是要学会理智地购物，让每一分钱都花得有价值。买衣服的时候也是一样的道理。要是想尝试新的穿衣风格，别着急去买一大堆新衣服，可以先在现有的衣服里面找找搭配的可能性。这样做，一方面可以避免短时间内大量购物带来的经济压力，另一方面也能给自己一些时间去适应新的风格。要记住，时尚不是盲目跟风，而是找到最适合自己的穿着方式。

3. 体验先行，转变观念

在培养新爱好的时候，很多人容易掉进"买买买"的陷阱。比如说，想学烘焙，就需要买各种材料和工具；想学木工，就得准备各种材料和设备。这些投入很多时候只是一时的，如果只有三分钟热度，最后这些东西很可能就会变成家里闲置的负担。为了避免这种情况的发生，我们可以尝试把消费观念从"拥有"转变为"体验"。现在很多城市都有各种各样的手工体验班，像烘焙班、木工班等，可以和家人或者朋友一起去体验一下。这样一来，既可以学到技能，又能在体验的过程中判断自己是不是真的喜欢这项活动。如果确实喜欢，再根据实际需要去购买相关的工具也不迟。要记住，生活不只是拥有物品，更重要的是体验过程和感受幸福。

哎呀，烘焙太难了，还好来上了节体验课，我还是别买烤箱了，我这种手残党不适合做烘焙。

头脑风暴

思考一：关于购物冲动的源头

1. 为什么我会在看到心仪的物品时产生购物冲动？

2. 如何在看到喜欢的东西时克制自己的购买欲望？

3. 哪些方法可以帮助我判断一件物品是否真的值得购买？

4. 当购物冲动难以遏制时，我可以采取什么措施来避免盲目消费？

思考二：关于配套消费的源头

1. 为什么我在购买一件物品后会倾向于购买与之配套的东西？

2. 如何判断配套消费是真正的需求还是不必要的跟风？

3. 有哪些技巧可以让我避免陷入配套消费的陷阱？

4. 如果已经陷入配套消费的误区，我该如何及时止损？

思考三：关于囤积物品的源头

1. 囤积物品的心理原因是什么？

2. 我怎样才能养成定期清理物品的习惯？

3. 对于难以舍弃的物品，我应该如何处理？

4. 我如何从源头上防止过度囤积物品？

04 模拟搬家，打开你的断舍离思路

"丁零零……"一阵急促的电话铃声突然响起，梁贤无奈地放下手里正准备整理的东西，快步走到桌前接起电话。原来是搬家公司打来确认搬家日期的。最近，梁贤因为孩子要上学的问题，不得不换房，搬家已经成了板上钉钉的事。一想到搬家的各种烦琐事宜，梁贤就觉得头疼，但同时他也意识到，这或许是一个实现断舍离的绝佳机会。

随着搬家的日子一天天临近，梁贤终于下定决心开始认真整理家里的东西。他从那些平时几乎不怎么关注的角落里，翻出了好多连他自己都忘了的物品。"哎呀，这是什么时候买的呀？还有这个，我怎么都不记得了……"梁贤既惊讶又有些懊恼。这些没用的东西一直默默地占据着家里的空间，梁贤心里不禁涌起一阵愧疚感。如今，它们全都被摆在了眼前，梁贤知道，得好好清理一下了。

在整理的过程中，梁贤开始仔细考虑成本问题。平时，那些舍不得扔的东西放在家里，似乎没花费什么成本，可实际上，它们占用着宝贵的空间。一旦到了搬家的时候，问题就来了。如果不扔掉这些东西，就得花钱请人搬运，搬到新家还得再找地方放置，打包也很麻烦，而且在运输的过程中还可能会被损坏。梁贤拿起一个旧花盆，这个花盆平时根本就用不上，他犹豫了一会儿，最终一狠心，决定扔掉它。"以后不伺候你了。"他小声嘟囔着。

接着，梁贤又陆续清理出了许多闲置的物品，有旧衣服、旧鞋子、已经损坏的小家电等。他把这些东西进行分类整理，一些可以捐赠的就打包好准备送到慈善机构，一些实在没有用的就直接扔进垃圾桶。

就这样，梁贤在搬家的时候成功进行了一次断舍离。他抓住这个难得的机会，让家里变得更整齐、更有秩序。

这个花盆用不上了，丢了吧！

心灵密码

其实，搬家是一个促使我们体会"断舍离"重要性的好时机。搬家从第一步整理东西开始，那些平时被遗忘在角落里、很少用到的物品就会一一出现。看到这些，我们可能会惊讶于自己竟然积攒了这么多闲置的东西，也可能会因为以前从未注意到它们而感到一丝愧疚。

这时，我们可以试着做一次模拟整理。想象着自己要把这些物品一一打包、搬运，想象一下所需的时间和金钱成本。平时，这些无用的东西只是占了一点儿地方，感觉没什么大不了的。一旦开始模拟搬家，我们就会真切地感受到这些物品在搬运时是多么沉重的负担。

通过模拟搬家，我们能更坚决地把不需要的东西进行断舍离。这样，等到真正搬家的时候，我们就能更从容地做出决定，让家里变得更整洁有序，为未来的生活做好准备。同时，模拟搬家还能让我们提前适应可能出现的各种情况，避免在真正搬家时手忙脚乱。

我最近在想搬家的事儿，可一想到要整理东西就头疼。

你可以试试模拟搬家呀，提前感受下断舍离。

断舍离智慧

模拟搬家断舍离，重塑生活新秩序

1. 考虑环保，为地球减负

在模拟搬家的时候，要注意将环保的理念融入其中。重新审视家里的每一件物品，思考它们对环境的潜在影响。那些难以降解或对环境造成损害的物品，可以考虑妥善地处理或回收。比如，一次性塑料制品，尽量减少留存，选择环保可替代的产品。通过断舍离，为地球的可持续发展贡献一分力量，让我们的生活变得更加绿色环保。

2. 模拟搬家，释放情感负担

在模拟搬家的时候，我们经常会遇到一些与个人记忆紧密相关的物品。这时，我们可以重新评估这些物品对我们当前生活的实际意义，决定哪些是值得保留的，哪些可以放下。对于那些不再需要的物品，我们可以通过拍照、制作纪念品的方式来保存记忆，而不是物理上的保留物品。这样的情感整理有助于我们释放负担，以更积极的心态迎接新生活。

3.成本优化，财务规划

搬家往往需要花费一大笔钱，从运输到新家的布置都需要支出金钱。通过提前模拟搬家，我们可以更好地做预算和控制搬家成本。比如，我们可以比较不同的搬家公司报价，选择性价比最高的服务。这个过程有助于我们更好地控制财务支出，避免因搬家而产生不必要的经济负担。

4.提早规划，管理时间

搬家是一个复杂且耗时的过程。通过模拟搬家，我们可以提前规划搬家的流程，优化打包和搬运的步骤，从而提高搬家效率。这样的规划不仅能够节省宝贵的时间，还能减少搬家过程中出现的混乱，让我们能更快地适应新家，投入新的生活建设中。

> 模拟搬家这个想法太棒了！我一下整理出很多没用的东西！

头|脑|风|暴

思考一：有关物品的价值

1. 这个物品在过往生活中的使用次数如何？若搬至新家，是否还有用？

2. 它是否承载着重要的情感，抑或只是闲置之物？

3. 缺少该物品，对我的生活是否会产生重大影响？

4. 这件物品是否值得被搬运至新的居住场所？

思考二：有关空间需求

1. 新的居住环境大小如何？能否容纳众多物品？

2. 哪些物品占据空间却并非必要？

3. 减少物品后，可为新居所腾出多少更为舒适的空间？

4. 如何更好地利用有限的空间来放置我真正需要的物品？

思考三：有关生活方式

1. 未来我的生活方式会发生哪些变化？此物品是否仍符合新的生活方式？

2. 精简物品后，能否使我的生活变得更加便捷高效？

3. 保留的物品是否有助于我践行新的生活方式？

4. 哪些物品能让我更好地适应新的生活方式？

编写整理计划表，条理清晰我在行

　　凌玲是一位热爱生活的妈妈，但她的家中总是显得有些杂乱无章。孩子的玩具散落一地，衣服也随意地堆放在房间的各个角落，这让她时常感到疲惫和无奈。

　　一天，凌玲去朋友家做客。朋友家同样有孩子，但家里异常整洁，每件物品都摆放得井井有条。凌玲不禁心生羡慕，便向朋友请教保持家居整洁的秘诀。

　　朋友微笑着告诉她："其实也没什么特别的，就是编写了整理计划表，让我条理更清晰。"说着，朋友拿出了一份详细的整理计划表。凌玲接过计划表，仔细研究了一番，发现朋友在表上列出了需要重点整理的区域，比如，洗手间和浴室，每三天要清理一次；客厅需要每周清理一次；至于衣柜，换季的时候整理一次就可以。于是，她决定回家后也尝试一下。回到家后，凌玲立刻动手，根据自己家的实际情况，编写了一份适合自己家的整理计划表。

　　她先从客厅开始，列出了需要整理的物品，并规定了整理的时间和频率。接着，她又为卧室、厨房、卫生间等区域分别制订了详细的整理计划。

　　有了这份整理计划表，凌玲的整理工作变得有条不紊。她按照计划表上的时间和要求，逐一整理家中的物品，渐渐地，家里变得整洁有序起来。

　　凌玲感到非常高兴，她终于找到了保持家居整洁的秘诀。同时，她也意识到，要想保持家居整洁，除了制订计划表外，还需要养成良好的整理习惯，这样才能让家一直保持整洁有序。

　　自从有了整理计划表，凌玲的家里再也没有出现过杂乱无章的情况。

> 这个整理计划表太实用了！我一下就知道家里有哪些闲置的东西了。

心灵密码

　　整理，绝非单纯地收拾物品，而是对生活秩序进行重新构建。它是一种生活态度，能让我们在纷繁复杂的世界里寻得内心的宁静。为了更好地进行整理，我们可以制订一个整理计划表。比如，一周进行一次全面的打扫，包括扫地、拖地、擦拭家具等，给生活加点儿活力。每个月进行一次检查，查看物品是否摆放整齐、有无需要清理的物品等，确保一切都井井有条。半年调整一下布局，重新规划家具的摆放、收纳空间的分配等，把生活的空间变得更好。

整理是一种生活的态度，能让我们珍惜自己已有的东西，也能让生活变得更有效率，找东西不用再费时间。整理就像给心灵打扫卫生，不但让我们离乱和着急远一点儿，也能更靠近简单和美好。

你可以制订一个整理计划表哇，比如每天整理一个小地方，一周打扫一次。

我总觉得家里有点儿乱，不知道从哪儿开始整理。

断 舍 离 智 慧

年度大清理，全方位整理指南

1. 每周行动，家居常焕新

每周抽出一个小时的时间，为家居环境进行一次小小的整理升级。首先，把上周没来得及归位的小物件一一收拾干净。然后，认真检查家里的食品和药品，确保它们都在有效期内。最后，查看一下日用品的库存情况，及时补充所需物品，避免在需要的时候找不到。

2. 月度扫除，给家瘦瘦身

每个月给家里来一场大扫除，进行一次"瘦身行动"。我们可以把不再需要的衣物和日用品挑选出来。那些已经过时或者不再适合自己的衣服，可以捐赠给需要的人。此外，对书籍进行整理也是很有必要的。把读过的和没读过的分开摆放，这样在我们想要找书的时候就会更加方便快捷。

3. 半年调整，换季大审视

随着季节的变换进行一次换季大调整。把厚重的冬装仔细收纳起来，为即将到来的夏天腾出空间。同时，把轻便的夏装拿出来晾晒一下，让它们散发清新的气息。这样不仅能让柜子里的空间得到更好的利用，还能让我们的衣物保持良好的状态。此外，我们还要把那些一直犹豫要不要留下的物件再进行一次审视。如果确定不需要了，就果断地放手吧。不要让那些物品继续占用我们宝贵的空间。

4. 年度清理，清爽迎新年

岁末年终，人们总喜欢给家里来一次大清理，以此迎接新一年的到来。此时，就需要从一次彻底的大清理开始。我们可以将家里的衣物和日用品明确地分成"保留"和"舍弃"两类。对于那些不再需要的东西，不要有丝毫的留恋，要果断地舍弃。

按照整理计划表，到了大扫除的日子啦！我要好好打扫一下家里！

头脑风暴

思考一：关于整理计划的制订

1. 我是否已经明确了自己希望整理的区域和物品，以及整理的具体目标？

2. 在制订整理计划时，我是否考虑了自己的日程安排，确保有足够的时间去执行？

3. 我是否设定了合理的整理步骤和时间节点，以便逐步推进，避免拖延？

思考二：关于整理计划的执行

1. 在执行整理计划时，我是否能够坚持每天或每周的整理任务，保持连贯性？

2. 我是否能够在整理过程中保持专注，避免被其他事情分散注意力？

3. 当遇到整理瓶颈时，我是否能够及时调整策略，找到新的突破口？

4. 我是否记录了整理过程中的心得和收获，以便未来参考和改进？

思考三：关于整理计划的维护

1. 整理完成后，我是否制订了维护计划，确保家居环境的整洁与有序？

2. 我是否意识到整理并非一次性任务，而是需要定期执行的生活习惯？

3. 在维护过程中，我是否能够及时发现并解决新出现的杂乱问题，避免问题的堆积？

4. 为了持续优化整理效果，我是否愿意尝试新的整理方法和工具？

06 制订极简清单，让你更了解自己的物品

"张竹，你这屋子也太乱了吧，怎么不收拾收拾呢？"张竹的朋友一进家门就忍不住说道。

"唉，我也想收拾呀，我一直想过极简生活，却总被各种事情阻碍。"张竹无奈地回应道。

"怎么个阻碍法？"朋友好奇地问。

"就说这衣柜吧，那么大，我都不知道从哪儿开始精简。每次想清理一些衣服出来，又觉得说不定哪天就穿了。"张竹皱着眉头说道。

朋友若有所思地点点头说："这确实有点儿难办。我先给你举两个例子吧。想理财，就要先把自己一个月的所有收支都记录下来，看看哪些是不必要的花费，这样才能制订合理的理财计划。极简生活也一样，你得先了解自己有哪些物品，以及它们的使用情况。"

张竹听了，眼睛一亮："你说得对，我得先清点自己的物品，分析使用情况，综合考虑物品的使用情况。"

说干就干，张竹首先从衣柜开始。她打开衣柜门，看着满满当当的衣服，顿时感到一阵头疼。她一件一件地拿出来，仔细回忆自己上次穿这件衣服是什么时候，以后还会不会穿。有些衣服已经很久没穿过了，但张竹总是想着未来可能会有某个场合需要它。就像那件红色的连衣裙，买的时候很喜欢，可后来一直没找到合适的机会穿。张竹

拿着它犹豫了很久，最终还是决定把它放在一边，等真正需要的时候再穿。

经过几天的努力，张竹终于清点完了自己的物品。一些很久没用过的东西被她果断地扔掉或捐赠出去。随着物品的减少，张竹的家变得越来越干净整洁，她的心情也越来越好了。

扔掉不用的东西之后，家里变得很整洁，心情也变好啦！

心灵密码

在断舍离的时候，我们常常会遇到阻碍。比如，想整理衣服，可看到满满当当又乱糟糟的衣橱就不知所措；想减少围巾的数量，可外面呼啸的北风好像在说这些围巾不能少；还有那些常穿的T恤，因为在很多场合都能穿，所以很难舍弃。总觉得每一件东西都很重要，没有多余的，每件衣服好像随时都能用到。

在这种情况下，以前的断舍离方法就不管用了，得找新办法。就像理财前要清楚自己的财务情况，健身前要了解自己的身体状况一样，断舍离也要先看看自己的生活状态。先把自己的东西都列出来，数数有多少。然后一个一个地想一想这些东西用得多不多、实不实用，想想它们到底对我们有多大价值。

在这个过程中，我们要冷静分析自己和这些东西的关系，看它们是不是真的符合我们的需求。只有这样，我们才能根据实际情况做出正确的选择。

我一直想精简生活，可每次看到满柜子的衣服就不知道从哪儿开始。

你先列一个物品清单哪，分析下这些衣服的使用情况。

断 舍 离 智 慧

清单式整理，开启简洁生活

1. 找准起点，开启整理之路

当我们渴望生活变得更加简洁时，首先得确定一个着手之处。我们可以从衣柜、书架或者储物柜等具体的空间开始，并且准备好用于记录的工具。这个空间的选择要适度，既不能范围过大让人无从下手，也不能过于狭小而缺乏代表性。只有这样，我们才能全面地了解这个特定空间内物品的数量与种类。

2. 仔细清查，详细记录物品

接着，我们需要对选定的空间进行全面清查。以衣柜为例，把里面的每一件衣物都取出来，然后按照一定的分类标准，比如，按上衣、下装、连衣裙等进行分类，并逐一记录下来。为了让记录更加清晰明了，可以进一步详细描述，例如"纯黑色的短袖上衣"或者"带有粉色花的长裙"。这样的记录方式，能够让我们对每一件物品都有具体而准确的认识，为后续的整理工作奠定坚实的基础。

3. 考虑实际需求，辨别多余物品

完成物品清查后，我们就要认真考虑自己的实际需求了。看着清单，思考这些物品是否真的符合我们的生活需要。比如，当看到清单上有好几条类似的裤子时，就要思考这些裤子是否经常穿。如果有些裤子很少穿，甚至已经很久没有碰过了，那么它们很可能就是多余的。通过这样的思考，我们可以更加清晰地知道哪些物品是真正有用的，哪些是可以进行精简处理的。

4. 做出精简决策，依据清单行动

在辨别出多余的物品后，我们就可以做出精简的决策了。仍然以衣柜为例，我们可以根据清单上的记录，逐一检查每一件衣物，并决定是否保留。对于那些不再需要或者很少穿的衣物，可以处理掉。这样的精简不仅能减少物品的数量，还能让我们更加珍惜和喜爱留下来的每一件物品。同时，我们也可以将这种方法应用到其他空间的整理中，如书架、储物柜等。

5. 了解自身现状，追求更高层次的简洁生活

当我们意识到自己的物品数量已经超出实际需求时，就会更加积极地去探索让生活变得简洁的方法。无论是选择"一进一出"的整理原则，还是制订更加严格的精简计划，都要根据自己的实际情况来做出决定。通过不断地

自从用上整理清单，我的家干净、整洁多了！

实践，我们可以逐渐迈向更高层次的简洁生活，享受更加轻松、更加自在的生活状态。

头 脑 风 暴

思考一：有关清单式整理的起点

1. 从哪个空间开始整理最合理？

2. 怎样判断空间选择是否恰当？

3. 准备什么样的记录工具更好？

4. 如何确保选择的起点有助于后续整理？

思考二：有关清单的准确性

1. 如何确定哪种分类标准更实用？

2. 详细描述物品有哪些技巧？

3. 记录过程中容易出现哪些问题？

4. 怎样保证记录的准确性和完整性？

思考三：有关精简决策的依据

1. 如何判断自己是否真的需要一件物品？

2. 哪些因素会影响精简决策的正确性？

3. 精简过程中如何避免出现错误判断？

4. 怎样确保留下的物品都是有价值的？

如何找到适合自己的断舍离方法？

想要家里既干净又舒心，找到适合自己的断舍离方法极为关键。真正的整理，始于对自己的了解，根据自己的需求和喜好，制订出最适合自己的收纳策略。

1. 确定家居风格与重点

在动手整理前先想想，自己心目中的家是什么样子的。如果你追求美观，那就精简物品，只留下对应风格的物件；如果你更关心孩子的成长，那就设计易于孩子取物的收纳方式。明确了这些，你整理起来才会更有头绪。

2. 制订整理计划

整理家居可不是短时间就能搞定的事情，要有长远的计划。你可以制订一个整理日程，包括什么时候完成整理，以及每天、每周、每月要做的具体任务。这样，你就能按部就班地进行整理了。

3. 调整空间布局

一个合理的家居布局能让你轻松拿到所需物品。如果你在做某件事时需要频繁地在不同区域来回跑动，那就应该重新安排物品位置。同时，设计空间时还要预见到未来的需求。

4. 制订家庭整理规矩，培养习惯

整理家居不是一个人的事，全家人都得参与进来。制订一些家庭整理规矩，比如，每周一次小清洁、每月一次大扫除。同时，要明确每个人的物品应该放在哪里，避免随意乱放。通过规矩和习惯的培养，你可以更容易地保持家居整洁。